지방, 골수, 제대혈

성체줄기세포

지방, 골수, 제대혈
성체줄기세포

초판 1쇄 인쇄 2011년 10월 04일
초판 1쇄 발행 2011년 10월 10일

지은이 | 박철원
펴낸이 | 손형국
펴낸곳 | (주)에세이퍼블리싱
출판등록 | 2004. 12. 1(제2011-77호)
주소 | 서울시 금천구 가산동 371-28 우림라이온스밸리 C동 101호
홈페이지 | www.book.co.kr
전화번호 | 1661-5777
팩스 | (02)2026-5747

ISBN 978-89-6023-682-0 03470

지방, 골수, 제대혈

성체줄기세포

아하! 너 이제 보니 강력한 면역억제제였구나!

이학박사 **박철원** 지음

ESSAY

머리말

    2000년 초반부터 배아줄기세포를 이용해 재생의학으로서 손상된 세포나 장기를 재생할 수 있는 가능성이 대두되어 뜨거운 사회적 이슈가 되기 시작하였고, 이로 인해 언론에서 줄기세포가 만병을 다스릴 수 있는 만병통치약으로 묘사되기도 하였다. 이러한 사회적 분위기 속에 최근에는 지방, 골수 또는 제대혈 등에서 추출한 성체 줄기세포인 간엽줄기세포를 이용하여 난치성질환을 치료할 수 있다 하여 고가로 세계 여러 나라에서 난치성질환 환자에게 실제 투여하고 있다. 최근 우리나라에서도 아직 합법화되지 않은 상황에서 지방에서 추출한 간엽줄기세포를 환자에게 치료 목적으로 투여하여 사회적 논란이 되기도 하였다. 한쪽에서는 간엽줄기세포가 모든 병을 치료할 수 있는 만병통치약처럼 묘사되고, 투여 받는 환자 역시 몸속에 투여된 간엽줄기세포가 원하는 세포로 분화되어 난치성질환을 치료할 수 있다고 생각하고 있다. 하지만 또 다른 한쪽에서는 효과가 검증되지 않았고 난치성질환 환자에 투여하는 것이 매우 위험한 것처럼 묘사하고 있는 실정이다. 매우 혼란스럽다.

매우 빠른 속도로 다양한 간엽줄기세포 연구결과가 발표되고 있지만 이를 반영하는 책이 일반 대중을 위해 제대로 쓰인 것이 아직 없는 실정이기 때문에 사회적 혼란이 더욱 가중되는 것이라 판단된다. 현재 간엽줄기세포는 전 세계적으로 인간임상실험뿐만 아니라 일부 국가에서는 실제로 환자에게 투여하여 치료효과를 기대하고 있으며 제일 많이 사용되고 있는 성체줄기세포이고 앞으로도 난치성질환 치료에 으뜸으로 선택될 수 있는 가장 중요한 줄기세포 중 하나이기 때문에 간엽줄기세포에 대한 혼란 해소가 절실히 필요하다. 이 책에서는 현재 밝혀진 연구결과를 토대로 간엽줄기세포의 약리효과와 이로 인해 난치성질환이 치료되는 이유가 무엇인지 논리적으로 다루었으며 전문지식이 없는 독자도 쉽게 이해할 수 있도록 그리고 연구결과의 줄기가 훼손되지 않게 요약하는 데 노력하였다. 각 장마다 많은 그림과 도표를 수록하였고, 각 장 끝에는 요점도 정리하였다. 그림, 도표 그리고 요점을 먼저 읽고 본문을 접한다면 더욱 쉽게 이해할 수 있으리라 생각한다.

제1부에는 이 책에서 다루고 있는 각종 난치성질환 치료에 필요한 간엽줄기세포의 새로운 약리작용과 그것을 쉽게 이해하는 데 요구되는 기본지식이 언급되어 있다. 제2부에는 현재 간엽줄기세포로 치료될 수 있는 대부분의 난치성질환의 발병과정에 대해 쉽게 언급하였다. 더 나아가 간엽줄기세포의 새로운 약리작용에 의해 언급한 난치성질환이 치료될 수 있는지 또는 치료 가능성이 아직 불분명하다면 그 학문적 이유가 무엇인지에 대해 쉽게 언급하였다. 제3부에는 간엽줄기세포에 대해 언론에서 또는 사회적으로 논란이 되고 있는 매우 민감하고 다양한 이슈를 객관적 연구결과를 통해 타당성이 있는지 알아보았고 생명의 촌각을 다투는 난치성질환 환자에 가급적 빠른 시일 내에 안전하고 저렴한 비용으로 간엽줄기세포를 투여하는 데 필요한 국가정책 수립에 대해 다루었다.

줄기세포에 관심이 있는 일반 대중, 난치성질환 환자와 가족, 간엽줄기세포 기사를 편견 없이 쓰려는 언론인, 전반적인 간엽줄기세포 임상적용에 대해 관심이 있는 기초의과학 연구자와 임상의사, 임

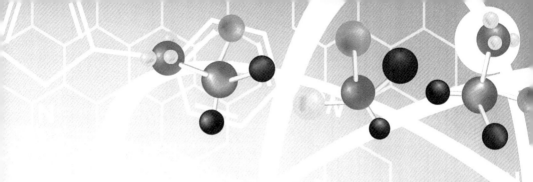

상수의사, 약사, 줄기세포를 전공하는 학생 그리고 간엽줄기세포 관련법을 제정하는 국회의원과 학계인사 등이 현재 밝혀진 간엽줄기세포의 정확한 개념을 이해하는 데 이 책이 조금이나마 도움이 되기를 희망한다.

이 책이 나오기까지 물심양면으로 도와주신 로열 동물 메디컬 그룹의 정인성 원장님과 모든 그룹 식구 그리고 바이오위더스(주) 권오중 박사에게 감사드린다. 마지막으로 필자에게 분자생물학을 이용하여 기초의과학 연구능력을 키워 주신 이스라엘 와이즈만 연구소의 마이클 워커Michael D. Walker 교수님에게 진심으로 감사드린다.

2011년 9월

박철원

차례

제1부

서론: 줄기세포, 면역반응 그리고 약리효과

면역세포인 호중구가 박테리아를 포식하는 전자현미경 사진

자료제공: Volker Brinkmann (Creative Commons Attribution-SA)

백신 및 항생제를 포함한 현대의학의 눈부신 발달로 인간은 전염병으로부터 많이 해방되었고, 이로 인해 인간수명도 눈에 띨 정도로 많이 연장되었다. 앞으로 많은 연구를 통해 손상된 장기를 대체하는 장기까지 개발된다면 인간의 평균수명이 100세를 훨씬 넘는 날이 올 수 있으리라 예측한다.

차종마다 다르지만 승용차 한 대를 만드는 데 필요한 부품의 개수는 약 2~3만 개 정도. 조그만 볼트와 너트까지 포함한 숫자이다. 승용차 모델이 단종이 되지 않을 경우, 고장 난 부품은 언제나 새 것으로 교체 가능하다. 우리 장기도 이렇게 작은 것부터 큰 것까지 모두 제조되어 승용차 부품처럼 진열대에 진열되어 있고 취향에 따라 고객이 선택하는 날이 온다면 얼마나 좋을까? 사실상 이 꿈을 실현하기 위해 최근 돼지를 이용하여 바이오장기를 대량생산하려는 시도가 이루어지고 있다. 이 방법이 성공하기 위해서는 이종 장기이식 거부반응 문제를 완전히 해결해야 한다. 최근에 장기이식 거부반응에 관여하는 유전자 일부를 제거한 미니돼지 '지노 2호'가 우리나라에서 탄생되었다. 앞으로 많은 연구를 통해 이종 조직이식

거부반응이 완전히 해결되기를 희망한다.

현재 전 세계적으로 주목받고 있는 또 하나의 재생의학 연구테마는 줄기세포이다. 과거 10년 동안 우리나라를 포함한 전 세계를 뜨겁게 달구어 온 그리고 재생의학의 한계를 극복할 수 있는 방법으로 앞으로도 온 세상을 뜨겁게 달굴 줄기세포는 이론적으로 손상된 모든 세포 또는 조직을 재생하는 데 사용될 수 있다는 가능성 때문에 전 세계적으로 무한경쟁의 연구가 이루어지고 있다. 의 모든 국민이 언론을 통해 귀가 따가울 정도로 줄기세포에 대해 많이 접하였을 것이라 판단된다. 간단하게 요약해보자.

▎줄기세포란?

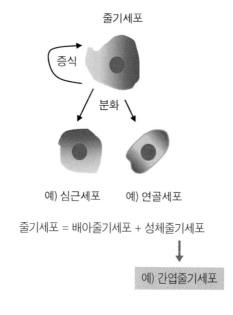

줄기세포 = 배아줄기세포 + 성체줄기세포

줄기세포는 계속 증식할 수 있는 증식능력과 다른 세포로 변화할 수 있는, 즉, 분화할 수 있는 분화능력, 이 두가지를 다 갖추어야 한다. 줄기세포는 크게 배아줄기세포와 성체줄기세포로 나눌 수 있으며, 후자의 대표적인 예는 간엽줄기세포이다. 전세계적으로 인간 임상실험 또는 실제로 난치성질환을 치료하는데 단연코 제일 많이 사용되는 줄기세포이다.

1. 배아줄기세포와 성체줄기세포

줄기세포는 크게 배아줄기세포embryonic stem cell와 성체줄기세포adult stem cell로 나누어진다. 배아줄기세포의 경우, 다음과 같은 과정을 통해 만들어진다. 정자와 난자를 체외에서 인공수정하여 수정란을 만들거나 자기 자신의 체세포와 여성으로부터 공여된 난자 사이에 유전정보가 담겨 있는 핵을 치환하여 인위적으로 수정란을 만든다. 수정란은 세포배양 접시에서 몇몇 세포분열을 거친 후 파괴되고, 특정 부위의 세포가 회수되는데 이것이 그 유명한 배아줄기세포이다. 이 줄기세포는 원하는 모든 종류의 세포로 분화할 수 있는 만능세포이기 때문에 재생의학 관점에서 볼 때 매우 이상적인 줄기세포이다. 그러나 배아를 파괴하지 않고 대리모 자궁에 착상하게 된다면 발생과정을 거쳐 태아가 되고, 결국 온전한 생명체로서 태어날 수 있다. 따라서 보는 관점에 따라 다르지만 줄기세포를 얻기 위한 배아 파괴는 곧바로 생명 파괴로 직결된다는 견해 때문에 매우 심각한 생명윤리 논란을 야기한다. 또 하나의 단점은 증식능력이 탁월한 만능세포이기 때문에 그만큼 암세포로도 변할 가능성이 있다.

성체줄기세포는 말 그대로 성체, 즉 우리 몸 구석구석에 분포되어 있어 조직 일부를 적출한다면 분리가 가능하다. 특히 중간엽줄기세포 또는 간엽줄기세포mesenchymal stromal cell라고 하는 성체줄기세포는 골수, 지방 조직 또는 태반이나 신생아의 탯줄에 있는 제대혈에도 존재하는 줄기세포이다. 배아줄기세포보다는 분화능력이 떨어지는 단점이 있지만 지방세포, 연골세포, 뼈세포, 신경세포 또는 근육세포 등으로 분화할 수 있는 실속 있는 줄기세포이다. 배아 파괴의 윤리적 문제도 없고 현재까지 암세포로 변한다는 신뢰할 수 있는 연구결과가 아직 보고되지 않은 것으로 판단된다. 간엽줄기세포는 전 세계적으로 인간임상실험과 실제로 난치성질환을 치료하는 데 단연코 가장 많이 사용되는 줄기세포이다.

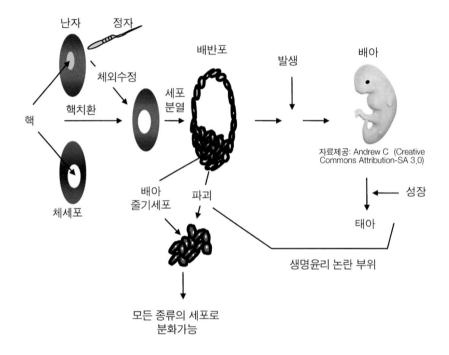

자료제공: Andrew C (Creative Commons Attribution-SA 3.0)

배아줄기세포는 다음과 같은 과정을 통해 만들어진다. 정자와 난자를 체외에서 인공수정하여 배아를 만들거나 또는 자기 자신의 체세포와 여성으로부터 공여된 난자 사이에 유전정보가 담겨 있는 핵을 치환하여 인위적으로 수정란을 만든다. 수정란은 세포배양 접시에서 몇몇 세포 분열을 거친 후, 파괴되고, 특정부위의 세포가 회수되는데 이것이 그 유명한 배아줄기세포이다. 그러나 배아 파괴 과정으로 매우 심각한 생명윤리 논란을 야기한다.

2. 간엽줄기세포

1976년 러시아의 프리덴슈타인Friedenstein 등은 처음으로 간엽줄기세포에 대해 언급하였고 최근에는 다음과 같이 정의되었다. 플라스틱으로 만들어진 세포배양 접시에 붙어 자라고, 최소한 지방세포, 연골세포 그리고 뼈세포로 분화될 수 있는 능력을 가져야 한다. 그리고 세포 표면에 CD73, CD90 그리고 CD105와 같은 특정 표식 단백질 인자가 있어야 한다. 현재 많은 연구를 통해 지방조직, 골수또는 제대혈뿐만 아니라 추가적으로 말초혈액, 허파, 치아 등에도 존재한다는 것이 밝혀졌다. 신생아 때 가장 많이 존재하고 나이가 들어감에 따라 감소하여, 80살이 되었을 때 절반으로 줄어드는 것으로 알려져 있다.

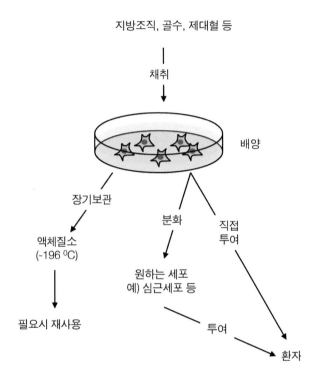

지방조직, 골수, 제대혈 등

채취

배양

장기보관

액체질소
(-196 °C)

분화

직접
투여

필요시 재사용

원하는 세포
예) 심근세포 등

투여

환자

성체줄기세포인 간엽줄기세포는 지방 조직, 골수, 신생아의 탯줄에 있는 제대혈 등에 존재하는 줄기세포이다. 채취된 조직에서 비교적 간단한 방법으로 간엽줄기세포를 분리하고 배양한다. 배양 후, 차후 재사용을 위해 장기보관 하거나, 환자에 직접 투여한다. 필요할 경우 원하는 세포로 분화하여 투여할 수 있다.

3. 간엽줄기세포의 놀라운 약리효과 포착

2000년대 초·중반부터 간엽줄기세포를 이용하여 손상된 세포나 조직을 재생하려는 시도가 많은 실험동물 연구를 통해 이루어졌다. 실제로 간엽줄기세포 투여 후, 손상된 폐, 신장, 간 또는 심장 조직의 기능이 향상됨을 관찰하였다. 초기에는 그 이유를 간엽줄기세포의 세포 분화능력으로 예측하였지만, 추가 연구를 통해 그 예측이 빗나갔다. 많은 연구결과를 요약하면 첫째, 생체에 투여된 간엽줄기세포는 원하는 세포로 거의 분화되지 않는다. 둘째, 그 대신 전혀 기대하지도 않았던 제3장에서 다룰 많은 종류의 생리제어 인자들이 분비되어 손상된 조직의 기능을 여러 방향으로 향상시키는 데 크게 기여한다.

현재 전 세계적으로 간엽줄기세포를 이용하여 많은 인간임상시험을 하고 있고, 일부 국가에서는 실제로 환자에 투여하여 치료효과를 기대하고 있다. 만약 골수, 지방 조직 또는 태반이나 제대혈 등에서 간엽줄기세포를 추출하여 배양하고 다시 환자에 투여한다면 간엽줄기세포의 분화능력이 아닌 간엽줄기세포가 분비하는 많은 생리제어 인자들로 인해 발생하는 효과 때문에 투여하는 것이라 생각하면 그리 틀린 생각이 아니다. 이 책 전반에 걸쳐 간엽줄기세포가 분비하는 생리제어 인자들로 인해 얻는 놀라운 약리효과를 학문적 연구결과를 토대로 논리적으로 다루었다.

▎간엽줄기세포의 새로운 약리효과 관찰

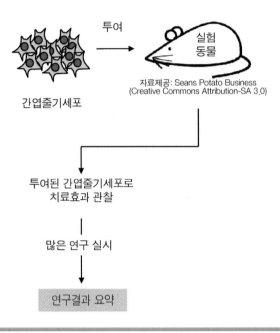

투여

간엽줄기세포

실험
동물

자료제공: Seans Potato Business
(Creative Commons Attribution-SA 3.0)

투여된 간엽줄기세포로
치료효과 관찰

많은 연구 실시

연구결과 요약

1. 투여된 간엽줄기세포는 원하는 세포로 거의 분화하지 않는다.
2. 그대신 제3장에서 다룰 많은 생리제어 인자를 분비하여 그 치료효과가 발휘된다.

손상된 세포나 조직을 재생하기 위해 간엽줄기세포를 투여한 후, 기능이 향상됨을 관찰하였다. 기능 향상이 투여된 간엽줄기세포의 세포 분화능 때문이라 예측하였지만, 추가 연구를 통해 ㄱ 예측이 빗나갔다. 상당히 많은 연구 결과가 요약되어 있다.

4. 요점

1) 줄기세포는 크게 배아줄기세포와 성체줄기세포로 나누어진다.

2) 배아줄기세포는 다음과 같은 과정을 통해 만들어진다. 정자와 난자를 체외에서 인공수정하여 배아를 만들거나 자기 자신의 체세포와 여성으로부터 공여된 난자 사이에 유전정보가 있는 핵을 치환하여 인위적으로 배아를 만들고, 몇몇 세포분열을 거친 후 파괴되어 특정 부위의 세포가 회수되는데 이것이 배아줄기세포이다. 배아줄기세포는 원하는 모든 종류의 세포로 분화될 수 있는 만능세포이다. 그러나 배아 파괴 문제 때문에 심각한 생명윤리 논란을 야기한다. 또 하나의 단점은 증식능력이 탁월한 만능세포이기 때문에 암세포로 변할 가능성이 있다.

3) 성체줄기세포는 말 그대로 성체, 즉 우리 몸 구석구석에 분포되어 있어 조직 일부를 적출한다면 분리가 가능하다. 성체줄기세포의 일종인 중간엽줄기세포 또는 간엽줄기세포는 전 세계적으로 인간임상실험과 실제로 난치성질환을 치료하는 데 단연코 가장 많이 사용되는 줄기세포이다. 플라스틱으로 만들어진 세포배양 접시에 붙어 자라고, 최소한 지방세포, 연골세포 그리고 뼈세포로 분화될 수 있는 능력이 있어야 한다. 그리고 세포 표면에 정해진 특정 표식 단백질 인자가 존재해야 한다. 배아줄기세포보다 분화능력이 떨어지는 단점이 있지만 배아 파괴의 생

명윤리 논란도 없고 현재까지 암세포로 변한다는 신뢰할 수 있는 연구결과가 아직 보고되지 않은 것으로 판단된다.

4) 현재까지 간엽줄기세포로 손상된 세포나 조직을 재생하려는 시도가 많은 실험동물 연구를 통해 이루어졌다. 실제로 간엽줄기세포 투여 후, 손상된 조직의 기능이 향상됨을 관찰하였다. 초기에는 간엽줄기세포의 세포 분화능력 때문이라 예측하였지만, 추가 연구를 통해 그 예측이 빗나갔다. 많은 연구결과를 요약하면 첫째, 생체에 투여된 간엽줄기세포는 원하는 세포로 거의 분화되지 않는다. 둘째, 의외로 많은 종류의 생리제어 인자들이 분비되어 손상된 조직의 기능을 여러 방향으로 향상시키는 데 이용된다. 전 세계적으로 간엽줄기세포를 이용하여 많은 인간 임상시험을 실시하고 있고, 일부 국가에서는 실제로 환자에 투여하여 치료효과를 기대하고 있다. 이 책 전반에 걸쳐 간엽줄기세포가 분비하는 생리제어 인자들로 인해 얻는 놀라운 약리효과를 학문적 연구결과를 토대로 논리적으로 다루었다.

면역과 염증반응, 섬유화
그리고 간엽줄기세포

면역계에 이상이 생겨 많은 질환이 발생된다. 우리 일상생활에서 자주 듣는 면역질환 중 하나는 후천적 면역결핍 증후군이다. 에이즈 바이러스가 숙주세포인 면역세포에 감염하여 파괴하기 때문에 생긴다. 또 선천적 면역결핍 증후군은 유전자 결함을 가지고 태어나 면역세포의 기능이 소실되어 발생된다. 태어나면서부터 무균공간에서 지내야 하는 버블 베이비가 바로 이 경우이다. 모두 면역세포 이상으로 병원균과 같은 외부 침입자를 막지 못해 일어나는 극단적인 면역결핍 질환이다. 이와 같이 면역계는 외부로부터 우리의 몸을 보호하여 생명을 지키는 매우 중요한 기능을 한다.

상처로 인해 병원균이 침입하면 제일 먼저 일어나는 면역반응은 염증반응이다. 염증반응은 병원균을 물리치기 좋은 환경으로 이루어진다. 많은 면역제어 인자가 분비되어 면역세포 유입을 유도하고 혈관은 확장되어 혈류가 증가한다. 혈관을 이루는 혈관내피세포는 이완되어 호출 받은 면역세포는 혈관 벽을 잘 통과하여 상처 부위로 이동한다. 이때 각종 면역세포는 서로 소통하여 공조해야만 효과적으로 병원균을 물리칠 수 있다. 우선 면역세포 소통방법에 대해 간단히 알아보고, 면역세포에 의한 면역반응 과정을 알아보자.

1. 면역세포의 소통 방법: 분비되는 면역제어 인자와 수용체

사람은 서로 소통할 때 보고 말할 수 있다. 먼 곳에 있는 지인에게는 전화나 이메일을 통해 소통할 수 있다. 그러나 면역세포를 포함한 모든 세포는 눈 또는 귀가 없기 때문에 사람의 그것과 같은 방법으로 소통할 수 없다. 그 대신 그들 나름대로의 소통 방법이 존재한다. 세포는 많은 생리제어 인자를 분비한다. 그리고 그 인자를 인지하는 안테나 격인 수용체가 반드시 존재한다. 첫째, 세포는 케모카인chemokine이라는 인자를 분비하여 다른 세포를 유인한다. 물론 유인되는 세포는 분비된 케모카인을 인지하는 수용체가 반드시 있어야 한다. 둘째, 사이토카인cytokine이라는 인자도 분비한다. 사이토카인은 자기 자신 또는 인근 세포의 기능을 제어하는 인자이다. 셋째, 성장인자growth factor도 분비한다. 자기 자신 또는 인근 세포의 성장을 유도하는 인자이다. 이 외에도 많은 종류의 생리제어 인자가 분비되어 세포가 서로 효율적으로 소통하는 데 만전을 기한다.

▌면역세포의 한 소통방법: 분비인자와 수용체

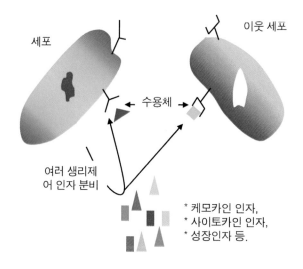

세포는 많은 생리제어 인자를 분비하고 또 분비된 그 인자가 결합할 수 있는 수용체를 가지고 있다. 세포는 생리제어 인자와 수용체를 이용하여 자기 자신 또는 이웃 세포와 소통한다. 세포는 케모카인 인자를 분비하여 다른 세포를 유인할 수 있다. 사이토카인 인자를 분비하여 자기 자신 또는 인근 세포의 기능을 제어할 수 있다. 성장인자도 분비하여 자기 자신 또는 인근 세포의 성장을 유도한다. 이 이외에도 많은 종류의 인자를 분비하여 세포가 서로 효율적으로 소통하는데 만전을 기한다. 이처럼 세포는 자기 나름대로 분비하는 인자와 수용체를 이용하여 자기 자신 또는 이웃과 소통함으로서 자기 고유의 생물학적 기능을 효율적으로 발휘하게 된다.

어린아이들은 놀다가 넘어져 무릎에 상처가 생기는 경우가 종종 있다. 무릎이 까지면 피부가 손상되고 피가 난다. 이런 상황에서 제일 먼저 일어나는 생체반응은 지혈작용이다. 혈액에 존재하는 혈소판은 피딱지를 형성하여 손상된 혈관 벽을 가능한 빨리 막는다. 지혈을 위해서이다. 동시에 혈소판은 상처 부위의 손상된 세포와 함께 케모카인 인자를 분비하여 면역세포를 호출한다. 군에서 비상상황이 발생하면 제일 먼저 5분 대기조가 출동한다. 상황 발생 후 5분 이내에 출동해야 하기 때문에 항상 대기하고 있는 조이다. 출동 후 본대가 오기까지 시간을 벌어준다. 면역계의 5분 대기조 격인 호중구neutrophil가 제일 먼저 헐레벌떡 도착한다. 호중구는 침투한 병원균을 빨리 잡아먹는다. 그러나 불행하게도 잡아먹고 난 후 곧 죽는다. 상처가 난 후 고름이 형성되는데, 대부분 호중구가 침입한 병원균을 잡아먹고 죽은 것들이다. 이때, 외부 침입자에 따라 호중구뿐만 아니라 호염구basophil 또는 호산구eosinophil도 동원되어 침입자를 막을 수 있다. 자연살해세포natural killer cell도 이동하여 일조한다. 그다음 그 유명한 대식세포macrophage가 상처 부위에 도착한다. 손상 후 이틀 이내 도착한다. 호중구가 다 잡아먹지 못한 침입자를 마저 잡아먹고, 또 상처로 인해 죽은 세포도 잡아먹는다.

수지상세포dendritic cell도 이동한다. 수지상세포 역시 병원균을 잡아먹는다. 하지만 상처 부위에 머물러 있지 않고 인근 림프절로 이동한다. 입 안에 상처가 생겼을 경우, 턱 아래에 몽우리가 생기는데 그곳이 바로 수지상세포가 도착하는 인근 림프절이다. 그곳에서 대기하고 있는 수많은 살상 T 세포cytotoxic T cell와 B 세포 cell 중에서 침입한 병원균을 효과적으로 물리칠 수 있는 살상 T 세포와 B 세포를 선발하여 활성화한다. 이 과정이 보통 2주가 걸린다. 활성화된 세포는 상처 부위로 이동한다. 살상 T 세포는 주로 바이러스에 감염된 세포를 살상하고, B 세포는 항체를 분비하여 병원균이 움직이지 못하게 묶어 추가 세포 감염을 효과적으로 억제한다. 이런 식으로 우리 면역세포는 병원균으로부터 우리 몸을 보호하게 된다. 다음에 똑같은 종류의 병원균이 침입하면 지체하지 않고 그 자리에서 없애 버린다. 그 이유는 살상 T 세포와 B 세포는 물리친 병원균에 대해 모든 정보를 가지고 또 기억하는 능력이 있기 때문이다. 우리가 접종받는 백신도 이런 원리를 이용한 것이다.

살상 T 세포와 B 세포는 후천적으로 수지상세포에 의해 특정 병원균을 죽일 수 있게 활성화되었고 또 그 병원균을 기억하고 있다. 따라서 이러한 세포를 후천적 또는 획득 면역세포라 한다. 그 이외에 여기서 언급된 모든 면역세포는 선천적으로 모든 병원균을 무차별적으로 공격하는 능력을 가지고 태어났다. 따라서 이들을 선천적 또는 자연 면역세포라 한다. 획득 면역세포와 자연 면역세포 공조는 침입한 병원균을 효과적으로 무찌르는 데 필수불가결한 요소이다.

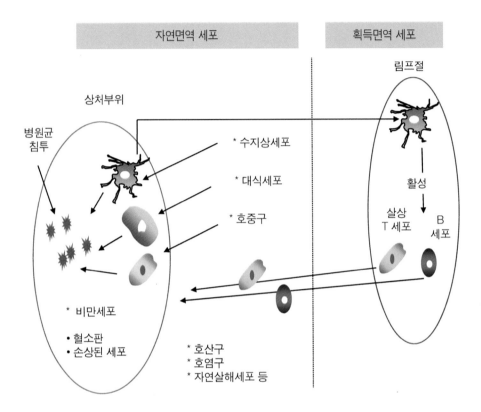

피부가 손상되면 피가 난다. 상처치유를 위해 제일 먼저 혈소판은 피딱지를 형성하여 지혈한다. 동시에 혈소판은 상처 부위의 손상된 세포와 함께 케모카인 인자를 분비하여 면역 세포를 호출한다. 이 때 비만세포는 혈장확장 등과 같은 염증반응을 유도하여 면역세포가 잘 도착할 수 있도록 환경을 조성한다. 호중구가 제일 먼저 도착하여 병원균을 잡아먹는다. 대식세포와 수지상세포도 도착하여 병원균을 잡아먹는다. 이 때, 수지상세포는 병원균을 잡아먹

고 인근 림프절로 이동하여 침입한 병원균만을 공격하는 살상 T 세포와 B 세포를 활성화한다. 활성화된 살상 T 세포와 B 세포는 상처 부위로 이동하여 효과적 병원균 격퇴에 동참한다. T 세포와 B 세포는 수지상세포에 의해 활성화되기 때문에 획득면역 세포라 하고, 그 이외의 면역세포는 특정 면역세포에 활성화되지 않고도 병원균을 공격할 수 있기 때문에 자연면역 세포라 한다. 여기에 호산구, 호염구, 그리고 자연살해세포도 포함된다.

3. 획득면역을 제어하는 면역세포: 보조 T 세포와 억제 T 세포

수지상세포는 홀로 살상 T 세포나 B 세포를 효율적으로 활성화하지 못한다. 살상 T 세포 활성화는 제1형 보조 T 세포Th1 cell, B 세포 활성화는 제2형 보조 T 세포Th2 cell의 도움이 필요하다. 이때 제1형이나 제2형 보조 T 세포의 기능이 너무 과하면 살상 T 세포나 B 세포 기능도 지나치게 활성화되어 우리 몸을 공격하는 자가면역 질환이 발생될 수 있다. 이를 방지하기 위하여 억제 T 세포regulatory T cell가 존재하여 이들을 견제한다. 만약 억제 T 세포 기능이 지나치게 과하면 살상 T 세포나 B 세포가 억제되어 결핵과 같은 기회감염이나 암세포 증식을 도울 수 있다. 따라서 건강한 면역계를 유지하기 위해선 제1형과 제2형 보조 T 세포와 같은 면역증강세포 그리고 억제 T 세포와의 균형이 유지되어야 한다. 이들 균형은 서로가 분비한 사이토카인 인자 등에 의해 적절하게 제어된다.

만약 사이토카인 인자 분비에 문제가 발생한다면 이들 균형이 깨어지고 자가면역 질환이나 기회감염 질환 등이 생긴다.

▎획득면역을 제어하는 면역세포들

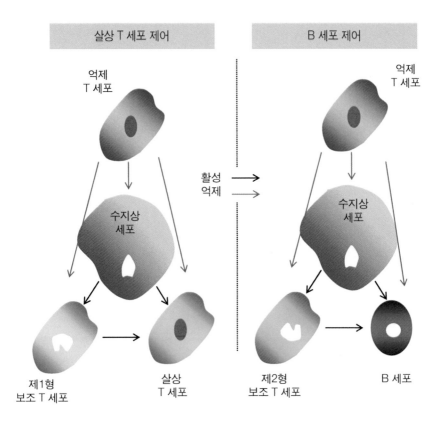

수지상 세포는 제1형 또는 제2형 보조 T 세포의 도움을 받아 살상 T 세포 또는 B 세포를 효과적으로 활성화한다. 억제 T 세포가 존재하여 이들 역할을 견제한다. 건강한 면역체계를 유지하기 위해

선 제1형과 제2형 보조 T 세포, 그리고 억제 T 세포와의 균형이 반드시 유지되어야 한다.

▍생체내 면역균형

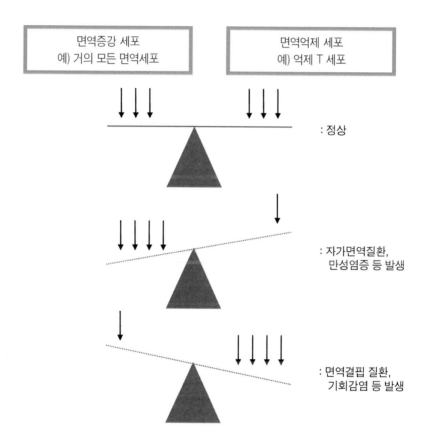

우리 몸에 존재하는 면역증강 세포와 면역억제 세포가 힘의 균형을 이루어 건강한 면역체계를 이룬다. 만약 어느 한쪽으로 치우친다면 우리 몸을 공격하는 자가면역 질환이나 또는 미생물이 우리

몸을 공격하는 기회감염 등이 발생될 수 있다. 제일 위의 그림은 정상적인 면역 균형, 중간 그림은 면역증강 세포의 과활성화로, 그리고 아래 그림은 면역억제 세포의 과활성화로 인한 면역 불균형을 보여 주고 있다.

4. 과다면역 질환과 간엽줄기세포

난치성질환인 자가면역 질환이나 아토피 피부염, 만성신장병, 간경변증, 퇴행성관절염 또는 이식편대숙주 질환 등은 획득 면역세포인 제1형과 제2형 보조 T 세포, 살상 T 세포, B 세포 또는 자연 면역세포인 대식세포 등의 기능이 너무 과하여 문제가 야기되는 질환이다. 간엽줄기세포는 이러한 면역세포의 기능을 강력하게 억제하여 난치성질환을 치료하는 탁월한 능력이 있다. 자세한 내용은 제3장부터 제16장에 언급되어 있다.

5. 손상된 조직 복구와 섬유화 그리고 간엽줄기세포

사실상 상처 부위는 외부침입자와 온갖 면역세포가 치열한 전투를 벌인 격전지이다. 많은 세포가 손상 받아 죽거나 괴사한다. 또 싸우는 도중에 면역세포에 의해 많은 유해인자가 분비되어 멀쩡한 세포의 자살을 유도한다. 세포자멸사이다. 후자는 유해인자 분비를 억제하여 미리 막을 수 있다. 이로 인해 최대한 조직손상을 억제한다. 간엽줄기세포는 세포자멸사 억제 기능이 있다.

우리 몸에 손상 받은 세포의 재생능력에 따라 세 가지 종류의 세포로 구분된다. 불안정 세포, 안정 세포 그리고 영구 세포이다. 불안정 세포는 언제든지 증식이 가능하다. 따라서 손상을 받아 죽더라도 곧 재생된다. 우리 피부에 존재하는 각질세포는 불안정 세포에 해당된다. 안정 세포는 보통 증식하지 않는다. 그러나 외부자극을 받으면 증식할 수 있다. 간세포가 여기에 속한다. 영구 세포는 증식능력이 전혀 없다. 따라서 일단 손상되면 그것으로 끝이다. 대부분 신경세포 또는 심근세포가 여기에 해당된다. 조직이 손상되어 파괴되면 증식이 가능한 세포는 재생되어 조직이 복구된다. 그러나 영구 세포처럼 재생되지 않는 경우에는 파괴된 후 생기는 빈 공간을 채워 주어야 한다. 자연 면역세포인 대식세포 등은 근섬유아세포myofibroblast를 활성화하고 섬유성 단백질 분비를 유도하여 공간을 채우는데, 이 과정을 '섬유화'라고 한다. 만약 채워 주지 않는다면 궤양이 발생하여 조직이 아물지 않는다. 그러나 만성 염증반응 등으로 섬유화가 지나치게 이루어진다면 인근 조직의 기능을 방해하고 동시에 조직재생을 방해한다.

만성염증으로 인한 과다 섬유화는 만성신장병과 간경변증 등에서 관찰되는 주요 증상이며 조직 기능을 완전히 파괴하는 주범으로 알려져 있다. 간엽줄기세포는 과다 섬유화를 야기하는 면역세포

의 기능을 강력하게 억제하여 기존치료제보다 탁월한 효과를 보여
주고 있는 연구결과가 계속 발표되고 있다. 자세한 내용은 제3장부
터 제16장까지 두루 언급되어 있다.

▎세포가 생을 마감하는 방법

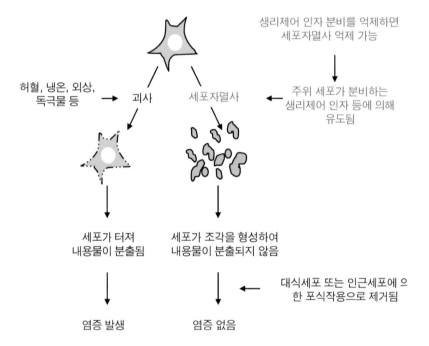

세포가 생을 마감하는 방법은 두 가지가 존재한다. 외상 등에 의
해 죽는 것을 괴사라 한다. 한편, 주위 세포가 분비하는 일종의 자
살유도 인자 등에 의해 자살하는 경우도 있다. 세포자멸사라 한다.
세포자멸사는 방지가 가능하다.

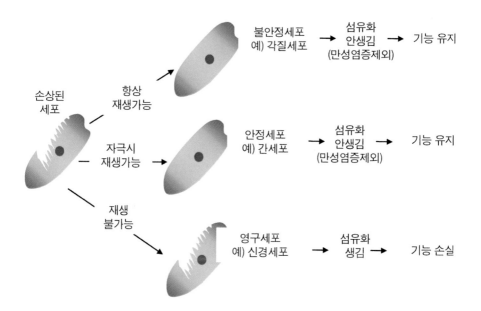

손상 받은 세포는 재생 여부에 따라 세 가지 종류의 세포로 구분 된다. 불안정 세포, 안정 세포, 그리고 영구 세포이다. 불안정 세포 는 언제든지 증식이 가능하기 때문에 손상을 받아 죽더라도, 곧 재 생이 된다. 안정 세포는 보통 증식하지 않지만 외부자극을 받으면 증식되어 재생된다. 영구세포는 증식능력이 전혀 없어 일단 손상되 면 재생이 되지 않는다. 조직이 손상되면 섬유화가 일어나 손상된 공간을 채워준다. 만약 채워 주지 않는다면 궤양이 발생하여 조직 손상이 아물지 않는다. 그러나 그 반대로 만성염증인 경우 지나친 섬유화가 유도되어 손상된 조직복구와 기능을 방해한다.

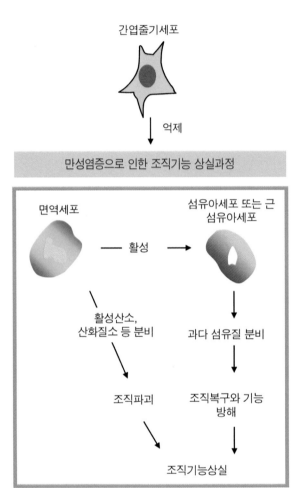

간엽줄기세포

억제

만성염증으로 인한 조직기능 상실과정

면역세포

섬유아세포 또는 근
섬유아세포

활성 →

활성산소,
산화질소 등 분비

과다 섬유질 분비

조직파괴

조직복구와 기능
방해

조직기능상실

가엽줄기세포는 제3장에서 자세히 다루는 과다면역을 유도하는 면역 세포 억제와 섬유화 억제로 손상된 조직복구를 도와주고 섬유화로 인한 조직기능 상실을 억제하여 준다.

6. 요점

1) 면역계를 이루는 면역세포는 병원균 격퇴로 우리의 몸을 보호하고, 이로 인해 생명을 지키는 매우 중요한 기능을 한다.

2) 면역세포의 소통방법 중 하나는 자신들이 분비하는 많은 면역제어 인자와 그 인자를 감지하는 수용체를 이용한다. 첫째, 분비된 케모카인 인자는 인근 면역세포를 유인한다. 둘째, 사이토카인 인자는 자기 자신 또는 인근 면역세포의 기능을 제어하는 인자이다. 셋째, 성장인자는 자기 자신 또는 인근 면역세포의 성장을 유도하는 인자이다. 이 이외에도 많은 종류의 면역제어 인자가 분비되어 면역세포가 서로 효율적으로 소통한다.

3) 상처가 나면 제일 먼저 일어나는 생체반응은 혈소판에 의한 지혈작용이다. 혈소판은 손상된 세포와 함께 케모카인 인자를 분비하여 면역세포인 호중구를 유인한다. 호중구는 침투한 박테리아와 같은 병원균을 빨리 잡아먹는다. 그다음 대식세포와 수지상세포가 상처 부위에 도착하여 병원균을 마저 잡아먹는다. 수지상세포는 인근 림프절로 이동하여 침입한 병원균을 효과적으로 제거할 수 있는 살상 T 세포와 B 세포를 선발하여 활성화한다. 이 과정이 보통 2주가 걸린다. 살상 T 세포는 주로 바이러스에 감염된 세포를 살상하고, B 세포는 항체를 분비하여 병원균이 움직이지 못하게 묶어 추가 세포 감염을 효과적으로 억

제한다. 여기서 살상 T 세포와 B 세포는 물리친 병원균에 대해 모든 정보를 가지고 또 기억하는 능력이 있다. 다음에 똑같은 종류의 병원균이 침입하면 보통 2주가 걸리지만, 지체하지 않고 그 자리에서 없애 버린다. 우리가 접종받는 백신도 이런 원리를 이용한 것이다.

4) 살상 T 세포와 B 세포는 후천적으로 수지상세포에 의해 특정 병원균을 죽일 수 있게 활성화되었고 또 그 병원균을 기억하고 있기 때문에 후천적 또는 획득 면역세포라 한다. 그 이외에 여기서 언급된 모든 면역세포는 선천적으로 모든 병원균을 무차별적으로 공격하는 능력을 가지고 태어났다. 따라서 선천적 또는 자연 면역세포라 한다. 획득 면역세포와 자연 면역세포 공조는 침입한 병원균을 효과적으로 무찌르는데 필수불가결한 요소이다.

5) 수지상세포는 홀로 살상 T 세포나 B 세포를 효율적으로 활성화하지 못한다. 살상 T 세포 활성화는 제1형 보조 T 세포, B 세포 활성화는 제2형 보조 T 세포의 도움이 필요하다. 이때 보조 T 세포의 기능이 너무 과하면 살상 T 세포나 B 세포 기능도 너무 활성화되어 우리 몸을 공격하는 자가면역 질환이 발생될 수 있다. 억제 T 세포가 존재하여 이들을 견제한다. 만약 억제 T 세포 기능이 너무 과하면 살상 T 세포나 B 세포가 너무 억제되어 결핵과 같은 기회감염이나 암세포 증식을 도울 수 있다. 따라서 건강한 면역계를 유지하기 위해서는 제1형과 제2형 보조 T

세포와 같은 면역증강 세포 그리고 억제 T 세포와의 균형이 유지되어야 한다.

6) 이 책에서 언급된 대부분 난치성질환은 획득 면역세포인 제1형과 제2형 보조 T 세포, 살상 T 세포, B 세포 또는 자연 면역세포인 대식세포 등의 기능이 너무 과하여 문제가 야기되는 질환이다. 간엽줄기세포는 이러한 면역세포를 강력하게 억제하여 난치성질환을 치료하는 탁월한 능력이 있다. 자세한 내용은 제3장부터 제16장에 언급되어 있다.

7) 세포가 생을 마감하는 방법에는 두 가지가 있다. 첫째, 세포가 손상 받아 죽는 괴사이다. 둘째, 염증반응 중에 있는 면역세포는 많은 유해인자를 분비하여 멀쩡한 세포의 자살을 유도한다. 세포자멸사이다. 후자는 유해인자 분비를 억제하여 미리 막을 수 있다. 간엽줄기세포는 세포자멸사 억제 기능이 있다.

8) 손상 받은 세포의 재생능력에 따라 세 가지 종류의 세포로 구분된다. 불안정 세포, 안정 세포 그리고 영구 세포이다. 불안정 세포는 언제든지 증식이 가능하다. 따라서 손상을 받아 죽더라도 곧 재생된다. 안정 세포는 보통 증식하지 않는다. 그러나 외부자극을 받으면 증식할 수 있다. 영구 세포는 증식능력이 전혀 없다. 따라서 일단 손상되면 그 것으로 끝이다. 영구 세포처럼 재생되지 않는 경우에는 파괴된 후 생기는 빈 공간을 채워

주어야 한다. 자연 면역세포인 대식세포 등은 근섬유아세포를 활성화하고 섬유성 단백질 분비를 유도하여 공간을 채우는데 이 과정을 '섬유화'라고 한다. 만약 채워 주지 않는다면 궤양이 발생하여 조직이 아물지 않는다. 그러나 만성 염증반응 등으로 섬유화가 지나치게 이루어진다면 인근 조직의 기능을 방해하고 동시에 조직재생을 방해한다.

9) 만성염증으로 인한 과다 섬유화는 만성신장병과 간경변증 등에 서 관찰되는 주요 증상이며 조직 기능을 완전히 파괴하는 주범 으로 알려져 있다. 간엽줄기세포는 과다 섬유화를 야기하는 면 역세포의 기능을 강력하게 억제하여 기존치료제보다 탁월한 효과를 보여주고 있는 연구결과가 계속 발표되고 있다. 자세한 내용은 제3장부터 제16장에 언급되어 있다.

간엽줄기세포의 약리효과

과거 10년간 수많은 연구를 통해 간엽줄기세포는 많은 생리제어
인자가 분비되고 그로 인해 매우 특이한 약리효과가 있음이 밝혀
져 왔다. 그 약리효과를 간단하게 요약해보자.

▎간엽줄기세포의 강력한 면역억제 기능

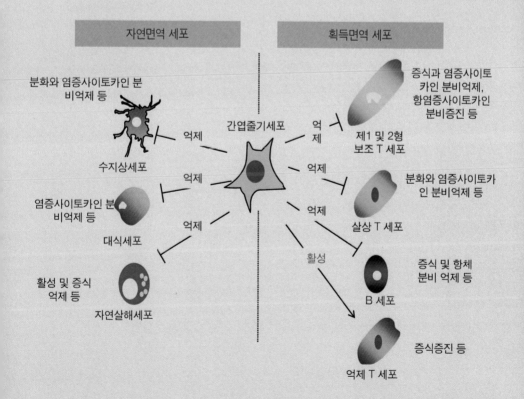

자연면역 세포

획득면역 세포

분화와 염증사이토카인 분
비억제 등

수지상세포

억제

간엽줄기세포

억제

증식과 염증사이토
카인 분비억제,
항염증사이토카인
분비증진 등

제1 및 2형
보조 T 세포

억제

억제

염증사이토카인 분
비억제 등

대식세포

억제

억제

분화와 염증사이토카
인 분비억제 등

살상 T 세포

활성 및 증식
억제 등

자연살해세포

활성

증식 및 항체
분비 억제 등

B 세포

증식증진 등

억제 T 세포

간엽줄기세포는 자연면역 세포와 획득면역 세포 모두를 억제한다. 단, 억제 T 세포는 활성화한다. 이로 인해 강력한 면역억제 기능을 발휘한다.

1. 많은 종류의 강력한 면역억제제를 생산하는 대형공장

우리의 면역계는 면역을 증강하는 면역증강 세포와 면역을 억제하는 면역억제 세포와의 미묘한 균형에 의해 잘 유지되고 있다. 제2장에서도 언급한 바와 같이 면역증강 세포 기능이 올바르게 제어되지 않아 비정상적으로 높아진다면 자가면역 질환과 같은 면역관련 질환이 발생하고, 반대로 면역억제 세포 기능이 올바르게 제어되지 않아 비정상적으로 높아진다면 기회감염 또는 암세포 증식을 도울 수 있다. 이 개념은 면역학에서 일반적인 개념 중 하나로 간주된다.

간엽줄기세포는 많은 생리제어 인자(IL-1RA, HLA-G, NO, IL-6, IL-10, TGF-beta, PG-E2, HGF 또는 IDO 등)를 분비하여 면역 증강에 관여하는 면역세포의 기능을 강력하게 억제하고, 반면에 면역억제에 관여하는 면역세포는 강력하게 증진하여 자연면역뿐만 아니라 획득면역을 효율적으로 억제한다.

① 수지상세포: 수지상세포의 고향은 골수이고 단핵구로 존재한다. 단핵구는 상처 부위로 이동하고 미성숙 수지상세포로 분화된

다. 그다음 침입자인 병원균을 잡아먹고 림프절로 이동한다. 림프절에서 완전히 성숙되어 제1형이나 제2형 보조 T 세포의 도움을 받아 살상 T 세포나 B 세포 기능을 활성화한다. 이때 간엽줄기세포는 수지상세포와 직접적으로 접촉하거나 여러 생리제어 인자(IL-6 또는 PG-E2 등)를 분비하여 단핵구-미성숙-성숙 수지상세포 분화 단계를 모두 억제한다.

② 억제 T 세포: 억제 T 세포는 많은 생리제어 인자(IL-10, IL-35 또는 TGF-beta 등)를 분비하여 제1형 및 제2형 보조 T 세포를 강력하게 억제하는 세포로 잘 알려져 있다. 간엽줄기세포는 억제 T 세포의 전구세포와 직접 접촉하거나 여러 생리제어 인자(TGF-beta 또는 PG-E2 등)를 분비하여 전구세포를 분화·증식시킨다. HLA-G 인자도 분비하여 억제 T 세포를 증식시킨다.

③ 제1형 보조 T 세포: 간엽줄기세포는 직접적으로 제1형 보조 T 세포의 증식과 기능을 억제한다. 그리고 간엽줄기세포는 억제 T 세포를 활성화하고, 억제 T 세포는 제1형 보조 T 세포를 억제한다. 결국 간엽줄기세포는 간접적으로도 억제 T 세포를 통해 제1형 보조 T 세포를 억제한다.

④ 제2형 보조 T 세포: 간엽줄기세포는 억제 T 세포를 활성화하고, 억제 T 세포는 제2형 보조 T 세포를 억제한다. 결국 간엽줄기세포는 간접적으로 제2형 보조 T 세포를 억제한다.

⑤ 살상 T 세포: 간엽줄기세포는 직접적으로 살상 T 세포 증식을 억제하고 간접적으로 수지상세포와 제1형 보조 T 세포를 억제하여 살상 T 세포 활성화를 억제한다. 동시에 억제 T 세포도 활성화하여 수지상세포, 제1형 보조 T 세포, 살상 T 세포를 억제한다. 동시 다발적으로 억제하므로 강력하다.

⑥ B 세포: 간엽줄기세포는 수지상세포를 억제하는 동시에 억제 T 세포를 활성화하기 때문에 결국 항체를 생산하는 B 세포가 억제되는 상당수 연구결과가 존재한다. 또 이에 반하는 연구결과들도 존재한다.

⑦ 대식세포: 최근에 많은 연구가 이루어지고 있다. 간엽줄기세포로 인해 대식세포는 강력한 염증 유발인자(TNF-alpha 또는 IFN-gamma 등) 분비가 억제되고 침입자인 병원균 포식작용이 증진된다. 간엽줄기세포가 분비한 PG-E2 인자는 대식세포를 활성화하여 항염증유발인자인 IL-10 인자 분비를 유도한다. 이로 인해 만성염증으로 인한 조직손상을 억제한다.

| 손상된 조직을 복구하는 간엽줄기세포의 약리효과

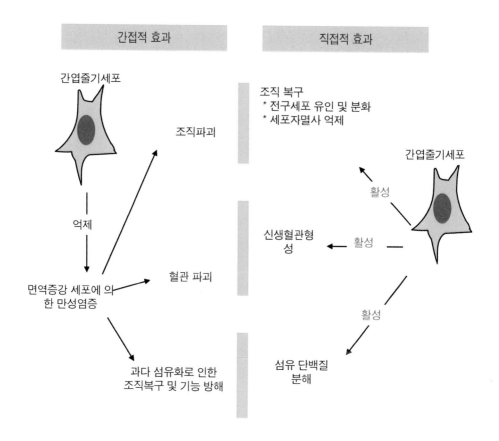

간엽줄기세포는 많은 생리제어 인자를 분비하여 손상된 조직을 복구한다. 우선 많은 면역증강 세포를 억제하여 만중염증을 억제한다. 이로 인해 조직 및 혈관 파괴, 그리고 과다 섬유화로 인한 조직복구 및 기능 방해를 억제한다. 한편 간엽줄기세포는 직접적으로 조직복구, 신생혈관 생성, 그리고 섬유 단백질 분해를 유도하는 많은 생리제어 인자의 분비로 손상된 조직을 복구한다.

2. 섬유화 억제에 필요한 많은 생리제어 인자를 생산하는 대형공장

만성염증으로 인한 섬유화는 조직재생과 기능을 방해한다. 간엽줄기세포는 많은 생리제어 인자(MMP-9, IL-10 또는 HGF 등)를 분비하여 직접적으로 섬유화를 억제한다. MMP-9 인자는 섬유성 단백질을 분해한다. IL-10 인자는 섬유성 단백질을 생산하는 세포의 기능을 억제한다. 그리고 HGF 인자는 섬유성 단백질을 생산하는 세포를 죽인다. 간접적으로 면역세포 전체를 억제하여 염증으로 인한 섬유화를 억제한다.

3. 혈관재생에 필요한 많은 생리제어 인자를 생산하는 대형공장

심근경색, 뇌졸중 또는 간경화증과 같은 질환 회복에는 신생혈관 형성이 필수적이다. 신생혈관 형성은 매우 복잡하다. 간단하게 말하면 기존혈관에 존재하는 혈관내피세포는 기존 혈관으로부터 이탈하고 증식하여 가지를 치고 나온다. 그다음 혈관 튜브를 형성한다. 간엽줄기세포는 이러한 복잡한 신생혈관 형성 과정에 많은 생리제어 인자(MMP, bFGF, HGF, Ang1, VEGF, PDGF 또는 TGF-beta)를 분비하여 손상된 혈관을 복구한다.

4. 손상된 조직복구에 필요한 많은 생리제어 인자를 생산하는 대형공장

질병으로 인해 손상된 세포는 죽게 되고 그로 인해 조직기능은 점점 떨어지게 된다. 간엽줄기세포는 많은 생리제어 인자(BMP-4, SDF-1, IGF-1, BNDF, NGF 또는 VEGF 등)를 분비하여 손상된 세포가 죽는 것을 억제하여 손상된 조직을 보호한다. 그리고 인근에 존재하는 손상된 세포의 전구세포를 손상된 조직으로 유인하여 분화를 유도한다.

5. 요점

1) 수많은 연구를 통해 간엽줄기세포는 많은 생리제어 인자를 분비하여 특이한 약리효과를 발휘하고 있음이 밝혀졌다. 첫째로 간엽줄기세포는 상당히 많은 종류의 강력한 면역억제제를 생산하는 대형공장이다. 간엽줄기세포의 면역억제 약리효과는 매우 강력하다는 것이 학계의 중론이다.

2) 각종 만성염증질환은 섬유화를 동반한다. 간엽줄기세포는 조직재생과 기능을 방해하는 섬유화를 억제하는 데 필요한 생리제어 인자를 생산하는 대형공장이다.

3) 간엽줄기세포는 조직파괴로 손상된 혈관을 재생하는 데 필요한

생리제어 인자를 생산하는 대형공장이다.

4) 간엽줄기세포는 손상된 조직을 복구하는 데 필요한 생리제어 인자를 생산하는 대형공장이다.

간엽줄기세포 연구는 아직 끝나지 않았다!
학계에서 많은 연구가 진행 중에 있기 때문에 앞으로
새로운 간엽줄기세포 기능이 속속 밝혀지리라 예측한다.

제2부

난치성질환과 간엽줄기세포

간엽줄기세포가 난치성질환 치료 한계를 극복할 수 있는
씨앗이 될 수 있을까?

볶은 커피 콩 사진 자료제공· Mark Sweep

STEP 04 | 아토피 피부염과 간엽줄기세포

　사회적으로 많은 문제를 야기하는 아토피 피부염은 피부 건조증, 가려움증, 홍반과 습진을 동반하는 일종의 피부 염증성 질환이다. 최근 국민건강보험공단이 발간한 『2010 건강보험 분석 통계집』에 의하면 2009년 한 해 동안 아토피 피부염으로 진료 받은 인원은 약 88만 명에 달했으며, 그중 10세 미만의 어린이가 52%를 차지하였다. 특히 어린이나 청소년의 경우, 심한 가려움증으로 인한 수면장애, 정서적인 불안감 등은 가족 간의 관계 및 사회생활에 더욱 부정적인 영향을 미친다. 2010년 제주의 한 중학생이 아토피 피부염으로 인한 집단 따돌림으로 투신자살 소동까지 벌였다는 뉴스 기사는 이 질환이 단순한 피부염이 아님을 보여주는 예이다.

　아토피 피부염은 여러 요인에 의해 발병되지만, 간단하게 요약하면 첫째, 알레르기 유발 물질인 알레르겐이 반드시 존재해야 하고, 둘째, 그 알레르겐이 피부 등으로 침투해야 한다. 셋째, 아토피 환자의 면역계는 침투된 알레르겐을 제거하는 방향이 아닌 알레르기와 가려움증을 유발하는 방향으로 활성화된다. 따라서 첫째는 환경적 요인에 의해 발생될 수 있고, 둘째와 셋째는 환경적 또는 유전적 요인에 의해 발생될 수 있다.

'같은 환경에서 똑같이 생활하는 사람들도 여럿 있는데 왜 하필 나만 아토피 피부염에 걸려 고생을 할까?' 하는 의문이 들지 않을 수 없다. 이 문제에 대한 답을 얻기 위해 우선 외부로부터 우리 몸을 보호하는 피부 방어벽에 대해 알아보기로 하고, 이를 토대로 아토피 환자의 피부 방어벽에 어떤 문제점이 있는 알아보자. 물론 튼튼한 피부 방어벽도 중요하지만, 더욱 중요한 것은 환자의 면역계가 침투된 알레르겐에 대해 비정상적으로 대처한다는 것이다. 따라서 그 결과 가려움증을 유발하고, 긁기 시작하여, 아토피 피부염을 더욱 악화시킨다. 따라서 환자들의 특이한 면역계도 간단하게 알아보자. 마지막으로 간엽줄기세포가 아토피 피부염에 좋은 치료제가 될 수 있는지도 알아보기로 하자.

▌상피 구조

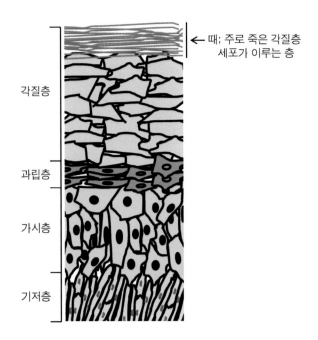

← 때; 주로 죽은 각질층
세포가 이루는 층

각질층

과립층

가시층

기저층

　　피부 표면에는 상피가 존재한다. 상피는 다시 여러층의 세포로 이
루어진다. 그 중 최외각 세포층은 각질세포로 이루어진 각질층이
다. 우리 몸을 외부로 부터 방어하는 기능을 한다.

1. 약해진 피부 방어벽

피부는 여러 종류의 세포가 층을 이루고 있으며, 그중 가장 외부에로 노출되어 있는 세포가 각질세포이다. 오래되면 때로 떨어져 나가는 각질세포는 외부의 침입으로부터 우리 몸을 보호하는 최전방에 근무하는 아군이나 마찬가지이다. 각질세포 주위에는 지질층 lipid lamellae이 존재하여 외부로부터 침입하는 물질을 더욱 튼튼하게 막아주는 한편, 피부층에 있는 수분 증발도 막아주는 역할을 한다. 따라서 방어벽 구실을 하는 각질세포와 그것을 둘러싸고 있는 지질층과의 관계는 우리 집을 보호하는 담의 구성 재료인 벽돌과 그리고 그 사이를 채워주는 회반죽과 같은 것이다. 우리 집 담벼락을 이루고 있는 벽돌과 그들을 서로 지지해 주는 회반죽에 문제가 있다면, 그 담은 쉽게 무너지고, 결국 외부로부터 침입을 허용하게 될 것이다. 이와 마찬가지로 지질층과 각질세포가 손상된다면, 이는 곧 피부 방어벽의 손상으로 이어져 결국 알레르겐이 몸속으로 쉽게 들어올 수 있다.

그렇다면 지질층과 각질세포 손상의 원인은 무엇일까? 첫째, 외부의 자극이다. 가려워서 자주 긁는다든지 비누나 세척제를 자주 사용한다면 피부가 손상을 입게 될 것이다. 또 하나의 중요한 원인은 유전적으로 아토피 환자의 지질층 성분의 함량이 정상의 그것과 다르다는 것이다. 예로 지질층은 세라마이드, 콜레스테롤 그리고 지방산 등으로 이루어져 있다. 그중 주성분이 세라마이드인데 유전적으로 세라마이드 생산 억제 효소가 증가하여 결국 세라마이드 양이 매우 적어지게 되며, 그 결과 세라마이드 양이 적은 지질층은 그 기능을 제대로 발휘하지 못하게 된다. 각질세포 또한 유전적 이상으로 인해 수분을 유지시키는 필라그린fillagrin 단백질을 적게 가지고 있어, 결국 수분 손실로 인해 각질세포의 간격은 서로 이완된다. 그 결과 알레르겐이 쉽게 침입한다. 한편, 각질세포를 서로 잘 결합시켜주는 코네오데스모좀corneodesmosome 단백질이 존재하는데, 아토피 환자 각질세포는 이를 파괴하는 단백분해 효소도 많이 분비한다. 알레르겐인 집먼지 진드기도 이를 파괴하는 단백분해 효소를 방출하게 된다. 결국, 환경적 요인은 물론 유전적 요인에 의해 이래저래 피부 방어벽은 손상된다.

피부의 방어능력에 아무 문제가 없다면 아토피 피부염이 유발되지 않을까? 그렇지 않다. 음식물로도 알레르겐이 들어올 수 있기 때문이다. 즉 음식으로 섭취된 알레르겐은 혈관을 타고 피부 쪽으로 이동할 수 있고, 아래에서 토론한 바와 같이 만약 피부조직의 면역계가 이미 알레르기 반응과 가려움증을 유발시키는 방향으로 결정되었다면, 피부를 통해 유입된 알레르겐과 마찬가지로 아토피 피부염을 유발한다. 따라서 긁기 시작하고, 이로 인해 피부 방어벽이 손상되어 알레르겐이 피부로도 유입된다. 결국, 알레르겐은 처음 음식물을 통해서 들어왔지만 결국 피부로도 유입될 수 있기 때문에 이러한 알레르겐 유입을 양쪽으로 차단하지 않는다면 아토피 피부염은 더욱 악화된다.

┃정상 및 손상된 각질층

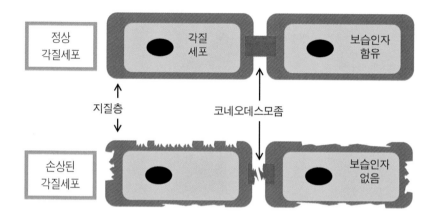

각질층을 이루고 있는 각질세포는 지질층으로 싸여져 있고, 코네오데스모좀 단백질은 세포 사이를 막고 있다. 각질세포는 필라그린 보습인자로 인해 많은 수분을 함유하고 있다. 환경적, 유전적 요인에 의해 지질층과 코네오데스모좀 단백질이 파괴되고, 각질세포의 보습인자도 없어진다. 이로 인해 피부의 수분을 쉽게 잃어버려 각질층 구조는 쉽게 파괴 되고, 그 결과 알레르겐 또는 병원균이 몸 안으로 쉽게 침입한다.

외부 환경에 많은 알레르겐이 있다 하더라도, 또 피부 방어벽 이상으로 설령 알레르겐이 몸속으로 들어온다 하더라도 우리면역 체계가 정상적으로 대처하게 되면 그리 큰 문제가 되지 않을 것이다. 예로 침입자가 들어오면 IgG와 같은 항체를 만들어 그 침입자를 제거하는 방향으로 면역 반응이 일어나면 큰 문제가 되지 않을 수 있다. 그러나 그 대신 유전적으로 IgE 항체가 만들어져 침입자 제거 역할보다는 알레르기 반응과 가려움증을 유발시키는 방향으로 면역 반응이 일어나게 된다. 이때 IgE 항체는 비만세포를 활성화시켜 히스타민 분비를 유도하고, 분비된 히스타민은 가려움증 유발 인자의 하나로서 주변 신경을 활성화시켜 가려움증을 유발하게 된다. 여기서 가려움증을 참지 못하고 긁는다면 피부 방어벽은 더욱 손상되고, 다량의 알레르겐 유입으로 상황이 더욱 악화된다. 이로 인해 피부에 습진이 유발되고, 장기화되면 피부가 코끼리 피부처럼 변하게 된다.

유전적으로 면역계에 어떤 이상이 있는가? 상당히 많은 연구결과가 존재하지만 몇 가지만 예를 들어보기로 하자. 면역학적으로 항체를 생산하는 세포는 B 세포이다. B 세포가 항체를 효율적으로 생산하기 위하여 제2형 보조 T 세포가 도와준다. 원인은 아직 밝혀지지 않고 있다. 유전적 이상으로 제2형 보조 T 세포가 아토피 환자에게 상대적으로 많이 존재한다는 연구보고가 다수 존재한다.

설상가상으로 제2형 보조 T 세포는 유전적으로 IL-4와 같은 인자를 많이 분비하여 B 세포로 하여금 IgG 항체가 아닌 IgE 항체 분비를 지시한다. 결국 침입자를 효과적으로 제거하지 못하고, 알레르기와 가려움증을 유발하는 IgE 항체가 만들어지는 환경으로 아토피 환자의 면역계가 이루어져 있는 것이다. 또한 제2형 보조 T 세포는 호산구를 활성화하여 만성염증을 일으킨다. 이와 더불어 피부를 긁게 되면 각질세포가 활성화되어 염증 활성 물질을 분비하는데, 이들은 전형적인 염증세포인 대식세포를 불러들이는 제1형 보조 T 세포를 활성화시킨다. 결국 호산구에 의한 염증반응과 대식세포에 의한 염증반응 그리고 가려움증으로 아토피 피부염은 더욱 악화되는 방향으로 진행된다.

아토피 피부염 발병과정

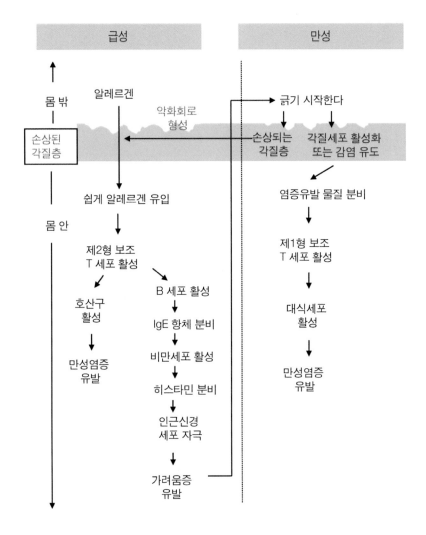

| 급성 | 만성 |

급성 (왼쪽)

몸 밖
알레르겐
악화회로 형성
손상된 각질층
몸 안

쉽게 알레르겐 유입
↓
제2형 보조 T 세포 활성
↓　↘
호산구 활성　　B 세포 활성
↓　　　　　↓
만성염증 유발　IgE 항체 분비
↓
비만세포 활성
↓
히스타민 분비
↓
인근신경 세포 자극
↓
가려움증 유발

만성 (오른쪽)

긁기 시작한다
↓
손상되는 각질층　　각질세포 활성화 또는 감염 유도
↓
염증유발 물질 분비
↓
제1형 보조 T 세포 활성
↓
대식세포 활성
↓
만성염증 유발

손상된 각질층을 통해 쉽게 알레르겐이 유입되어, 제2형 보조 T 세포를 활성화하고, 호산구를 활성화하여 만성염증을 유발한다. 그리고 B 세포를 활성화하여 IgE 항체가 분비된다. IgE 항체는 비만세포를 활성화하여 히스타민을 분비하고 가려움증을 유발한다. 긁기 시작하면 각질층이 더욱 손상된다. 또 각질세포가 활성화되고 병원균 감염으로 만성염증 유발인자가 분비된다. 이로 인해 제1형 보조 T 세포가 활성화되고, 대식세포를 활성화하여 만성염증을 유발한다. 이로 인해 아토피 피부염은 더욱 악화되는 방향으로 진행된다.

3. 기존 및 미래 치료법

알레르겐과 피부를 자극하는 원인을 제거해야 하는 것은 물론 손상된 피부 방어벽 정상화와 아토피 환자의 특이한 면역계를 억제한다면 아토피 피부염 상태를 완화 또는 치료할 수 있을 것이다.

우선 약해진 피부 방어벽을 복구하기 위해서는 우선 긁지 말아야 한다. 이를 위해 항히스타민제를 복용한다. 그리고 약해진 방어벽을 보습제 등으로 보호하여 준다. 수분은 방어벽의 구성 성분인 각질세포와 지질층의 구조를 더욱 촘촘하게 해 줄 수 있기 때문이다. 물론 이때 병원균이 감염되었다면 항생제를 이용한다. 이것이 전부가 아니다. 이미 화가 난 우리의 면역계를 반드시 다스려 억제해 주어야 한다. 만약 억제해 주지 않는다면 알레르겐에 의해 이미 활성화된 면역계에 의해 가려움증이 계속되고, 만성염증도 계속 진행된다. 따라서 이러한 면역 억제를 유도하기 위해 스테로이드 제제가 사용되며, 스테로이드 부작용을 피하기 위해 사이클로스포린 또는 타크로리무스 같은 다른 종류의 면역 억제제도 사용된다.

　기존 치료법으로 아토피 피부염을 상당수 완화할 수 있지만, 기존 치료에 잘 반응하지 않고 재발하는 경우가 많다. 따라서 이를 극복할 수 있는 새로운 치료법 개발이 절실히 요구되며, 이에 대한 하나의 방법으로 강력한 면역억제 기능이 있는 간엽줄기세포 사용이다.

　앞에서 언급한 바와 같이 가려움증의 유발과 호산구에 의한 염증반응은 제2형 보조 T 세포 때문이다. 따라서 제2형 보조 T 세포를 억제해 주어야 한다. 그리고 제1형 보조 T 세포에 의해 유입된 대식세포에 의한 염증반응도 억제해 주어야 한다. 이렇게 다방면으로 면역을 억제해 줄 수 있는 효과적인 약은 아직 개발되지 않았다. 그러나 간엽줄기세포는 이러한 문제를 동시에 극복할 수 있는 특성이 있다. 우선 억제 T 세포를 활성화한다. 활성화된 억제 T 세포는 제2형 보조 T 세포를 강력하게 억제할 수 있다. 그뿐만이 아니다. 억제 T 세포와 간엽줄기세포는 제1형 보조 T 세포와 대식세포를 억제한다. 따라서 간엽 줄기세포는 직접 또는 간접적으로 가려움증 유발과 호산구 및 대식세포에 의한 염증반응을 동시에 억제한다. 이러한 면역학적 이유에서 면역 억제제인 간엽줄기세포를 아토피 환자에 투여한다면 기존 치료제에 반응하지 않는 난치성 아토피 피부염을 효과적으로 치료할 수 있을 것으로 판단된다.

▌아토피 피부염에 대한 간엽줄기세포 약리효과

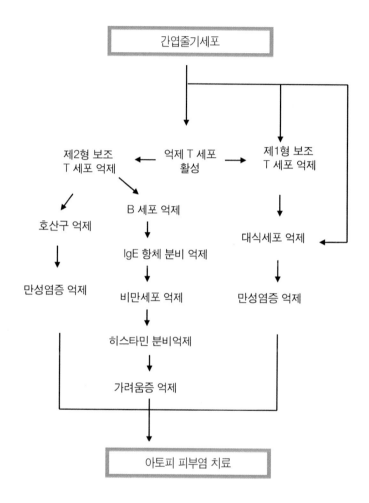

간엽줄기세포가 분비하는 많은 생리제어 인자들로 인해 강력한 면역억제 기능을 발휘한다. 우선 억제 T 세포를 활성화하여 제1형 및 제2형 보조 T 세포를 억제한다. 그 결과 호산구 및 대식세포의 만성염증반응을 억제한다. 그리고 B 세포의 IgE 항체분비를 억제하

여 비만세포의 히스타민 분비가 억제되고, 그 결과 가려움증이 억제된다. 결국, 가려움증과 만성염증을 억제하여 난치성 아토피 피부염을 치료한다.

4. 요점

1) 아토피 피부염의 주요 발병 원인은 첫째, 알레르겐이 반드시 존재해야 한다. 둘째, 그 알레르겐이 피부 방어벽을 뚫고 몸으로 들어와야 한다. 셋째, 아토피 환자의 면역계는 침투된 알레르겐을 제거하는 방향이 아닌 알레르기와 가려움증을 유발하는 방향으로 알레르겐에 의해 활성화된다.

2) 피부 방어벽의 최전선은 각질세포와 그 세포를 둘러싸고 있는 지질층이다. 환자의 각질세포와 지질층은 약화되어 있다. 따라서 쉽게 알레르겐이 침투된다.

3) 아토피 환자의 피부에는 특이한 면역계가 존재한다. 활성화된 제2형 보조 T 세포가 많이 존재한다. 이들은 B 세포의 IgE 항체 생산을 유도하여 가려움증을 유발하고, 호산구를 활성화하여 염증 반응을 유도한다. 아토피 피부염이 상당히 진행된 경우에는 제1형 보조 T 세포도 활성화되어 대식세포가 유입되고 염증반응을 유도한다. 결국 호산구에 의한 염증반응과 대식세포

에 의한 염증반응 그리고 가려움증으로 아토피 피부염은 더욱 악화되는 방향으로 진행된다.

4) 기존의 치료방법으로 아토피 피부염은 상당히 완화될 수 있다. 약해진 피부 방어벽 복구 및 보호 그리고 면역 억제제로 화난 환자의 면역계를 억제한다. 만약 기존 면역 억제제로도 치료가 어려우면 그 대안으로 강력한 면역 억제제인 간엽줄기세포를 이용할 수 있다. 그 이유는 간엽줄기세포는 억제 T 세포를 활성화하고, 활성화된 억제 T 세포는 가려움증과 만성 염증을 불러일으키는 제2형 보조 T 세포를 효과적으로 억제한다. 즉, B 세포의 IgE 항체 생산 억제를 유도하여 가려움증을 억제하고, 호산구에 의한 염증 반응도 억제한다. 억제 T 세포와 간엽줄기세포는 제1형 보조 T 세포와 대식세포의 염증반응도 억제한다. 이러한 학문적 이유 때문에 동시 다발적으로 지나치게 활성화된 면역을 억제하는 간엽줄기세포는 난치성인 아토피 피부염의 차세대 치료제로 각광 받을 것이라 사료된다.

최근 식단이 서구화됨에 따라 당뇨병과 고혈압 발병률이 급격히 증가하고 그로 인해 만성신장병 발병률 또한 증가하고 있다. 신장은 허파 호흡에 필요한 횡격막 아래 양쪽으로 한 개씩 있고 혈관이 매우 풍부하다. 신장의 기능 중 가장 중요한 것은 혈액의 필터 기능이다. 하루에 약 150리터 이상의 혈액을 걸러내며 혈액에 존재하는 요독이라는 불필요한 각종 대사산물 또는 잉여 포도당을 여과하고 체내 수분 양과 pH 조절에 중요한 역할을 한다. 만약 신장에 이상이 생겨 오랫동안 방치하면 만성신장병으로 이어진다. 만성신장병의 마지막 단계에는 신장이 필터 기능을 거의 하지 못해 요독이 혈액에 그대로 잔류한다. 이로 인해 생명에 위협을 주기 때문에 신장 이식이나 인공 신장인 투석기를 이용하여 혈액으로부터 요독을 제거하는 혈액투석을 실시해야 한다.

2010년에 발표된 보건복지부 및 건강보험심사평가원의 자료에 의하면 2008년 우리나라에서 혈액투석을 받은 만성신장병 환자의 수는 약 5만 명에 달한다. 환자 한 명당 혈액투석비로 일 년간 최소 2,500만 원이 지출되어 건강보험공단은 이로 인해 약 1조 원을 부담하게 되었다. 혈액투석은 신장병을 치료하는 치료술이 아니라 신장 필터 기능의 약 10%만을 대체하는 것이므로 지속적으로 받아야 한다. 만성신장병은 매년 혈액투석비로 인해 건강보험재정에 막대한 피해를 줄 뿐만 아니라 환자의 생명까지 위협하는 무서운 질환이다.

만성신장병 발병과정을 이해하기 위해 신장 구조와 신장에서 이루어지는 혈액 여과 과정을 간단하게 알아보자. 그리고 신장 여과기능 이상의 요인이 무엇이며, 어떻게 혈액 여과기능을 잃어버리는지, 현재 사용되고 있는 치료법의 한계가 무엇인지에 대해 알아보자. 마지막으로 지금까지 연구결과를 토대로 간엽줄기세포가 그 한계점을 극복할 수 있는 대안이 될 수 있는지에 대해서도 알아보자.

‖ 간단한 신장구조

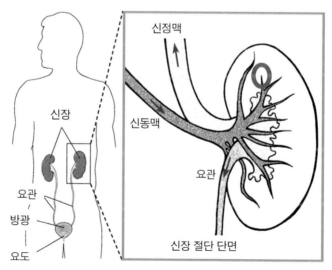

자료출처: 미국 국립 보건연구원(National Institute of Diabetes and Digestive and Kidney Diseases, National Institutes of Health)

여과될 혈액은 신동맥을 따라 신장으로 들어 간다. 빨간 동그라미로 표시된 신원에서 혈액은 여과된다. 다음 그림에서 자세하게 묘사되어 있다. 여과된 물질은 요관을 통해 소변으로 배설되고, 여과 후 깨끗한 혈액은 신정맥을 통해 심장으로 이동된다.

▌신원구조

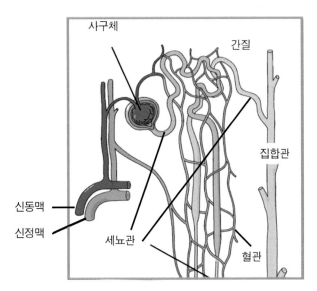

자료출처: 미국 국립 보건연구원(National Institute of Diabetes and
Digestive and Kidney Diseases, National Institutes of Health)

혈액은 신동맥을 통해 심장으로 들어와 사구체에서 여과된 후, 신정맥을 통해 다시 심장으로 들어간다. 여과된 물질은 세뇨관을 통하면서 다시 흡수된다. 흡수되고 난 나머지는 집합관을 통해 소변으로 배출된다. 여기서 사구체, 세뇨관, 그리고 집합관을 통틀어 신원이라 하고 신장 여과기능을 수행하는 가장 기본적인 구조이다. 인간의 경우 총 200만개가 존재하는 것으로 알려져 있다. 신원을 이루는 구조물 사이의 공간을 간질이라 하고, 신원 구조물을 지지하는 조직과 혈관 등이 존재한다.

1. 신장 구조

신장의 여과기능을 수행하는 기본 구조는 신원nephron이며 각각 100만 개, 총 200만 개가 존재한다. 신원은 다시 사구체glomerulus, 세뇨관tuble 그리고 집합관collecting duct으로 이루어져 있다. 신원 사이의 공간을 간질interstitium이라 하고, 혈관 등이 존재한다.

사구체는 혈액이 신장으로 들어와 여과되는 가장 기본적인 장소이다. 여과될 혈액은 사구체 안에 실타래 모양을 하고 있는 모세혈관을 통과하는데, 여기가 바로 혈액이 여과되는 실제 장소이다. 모세혈관은 혈관내피세포로 이루어져 있으며, 일차적으로 섬유성 단백질로 이루어진 기저막basement membrane에 감싸여 있다. 이때 섬유성 단백질 막을 구성하는 섬유성 단백질은 옷감 섬유와 만찬가지로 매우 촘촘한 구조로 이루어져 있다. 그 위에 다시 족세포podocyte 돌기가 또 한 번 감싸고 있으며, 돌기는 서로 깍지를 끼어 여과 틈을 형성한다. 간격 크기는 약 25나노미터이다. 따라서 섬유성 단백질 막의 촘촘한 구조와 족세포 돌기의 여과 틈 때문에 혈액에서 여과되는 물질은 매우 작을 수밖에 없다. 예로 수분, 단백질 분해산물인 요소, 크레아틴 또는 잉여 포도당 등이다. 단백질은 비교적 크기 때문에 매우 작은 단백질을 제외하고는 이 틈을 통과할 수 없어 대부분 다시 몸으로 돌아가 재사용된다.

사구체에서 하루에 여과되는 양은 약 150리터 이상이고 대부분 수분이다. 이들은 그다음 통과 장소인 세뇨관을 지나면서 약 99% 재흡수된다. 이때 단백질과 같은 영양분도 필요할 경우 재흡수된다. 결국 재흡수되고 남은 양은 하루 약 1리터 정도. 이것이 집합관을 거쳐 소변의 형태로 몸 밖으로 빠져나가는 것이다.

▍사구체 외형 미세 구조

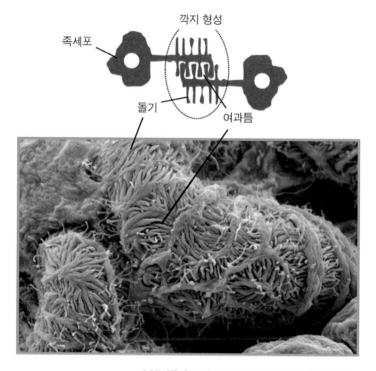

(자료제공: SecretDisk ; Creative Commons BY-SA 3.0)

혈액이 사구체에서 여과되려면 두 개의 구조물을 통과해야 한다. 기저막과 족세포 돌기가 형성한 여과틈. 섬유성 단백질로 이루어진 기저막은 사구체 모세혈관을 싸고 있고 그 위에 족세포의 돌기가 깍지를 끼어 여과틈을 형성한 후, 또 한번 휘감고 있다. 윗 그림은 족세포 돌기가 깍지를 끼고 있는 모습을 보여주고 있고, 아래 전자현미경 사진은 깍지 낀 족세포 돌기가 사구체 모세혈관을 휘 감고있는 모습을 보여 주고 있다. 기저막 구조는 다음 그림에 묘사되어 있다.

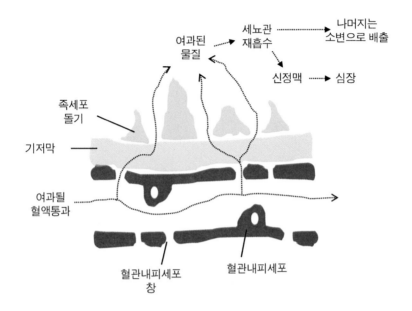

사구체 모세혈관을 이루는 혈관내피세포는 여과 물질이 통과할 수 있는 창을 가지고 있다. 여과 물질은 창을 통과하고 기저막과 족세포 여과틈을 통해 사구체를 완전히 빠져 나가게 된다. 정상적인 경우, 대다수 혈액 단백질은 이 여과 구조물을 빠져 나가지 못한다. 그러나 당뇨병, 고혈압 등은 기저막과 족세포 여과틈을 이완시켜 많은 혈액 단백질이 여과틈을 빠져 나가 단백뇨를 만든다. 단백뇨는 만성 신장병의 시초이다. 그 이유는 다음 그림에 묘사되어 있다.

2. 신장병의 원인과 발병 과정

신장병은 크게 급성과 만성으로 나눈다. 급성은 저혈압, 약(?) 또는 요도가 막혀 신장 기능 이상을 야기하여 발생된다. 일반적으로 자각증상이 있어 원인을 즉시 제거하는 방향으로 치료된다면 대부분 정상으로 회복된다. 그러나 그렇지 못하면 급성 역시 만성으로 가거나 심한 경우 환자의 생명을 위협하기도 한다.

급성과 마찬가지로 만성신장병 역시 신장 기능에 이상이 생겨 발생되는 질환이다. 그러나 만성은 약 70%의 신장 기능을 잃어버릴 때까지 특별한 자각증상이 없어 병을 키우게 된다. 문제는 자각증상으로 내원하여 만성신장병을 발견한다 할지라도 이미 치료시기를 놓쳐 특별한 치료 방법이 없다는 것. 그래서 마지막에는 신장이식이나 혈액투석으로 이어진다.

만성을 야기하는 원인의 대부분은 당뇨병과 고혈압이다. 그 뒤를 잇는 것이 미생물 감염 등으로 인해 혈액 여과 장소인 사구체에 염증이 발생되는 것 등이다. 당뇨병과 고혈압 역시 사구체, 세뇨관 그리고 간질에 만성염증을 불러일으켜 조직 파괴를 유도하기 때문에 만성신장병은 만성염증에 의해 신장 조직이 파괴되는 질환이라 해도 과언이 아니다.

신장은 잉여 포도당을 여과하여 밖으로 보내는 역할도 하기 때문에 당뇨병 환자의 경우 혈액에 존재하는 고농도의 포도당은 사구체 모세혈관을 통과할 때 다량 여과된다. 모세혈관을 감싸고 있는 섬유성 단백질 막을 지나고 족세포 돌기 여과 틈을 통과하는 것이다. 이 과정 중 여과되는 포도당은 섬유성 단백질 막에 존재하는 섬유성 단백질과 여러 생화학 반응을 통해 공유 결합을 하게 된다. 그 결과 촘촘했던 구조는 많이 이완되고, 그 이완된 틈을 통해 전에는 통과하지 못한 단백질이 다량 통과하게 된다. 고혈압도 마찬가지이다. 말 그대로 높은 혈압 때문에 물리적으로 그 여과 틈이 벌어지게 된다. 그 결과 단백질이 다량 통과하게 된다. 따라서 당뇨와 고혈압은 이래저래 여과 틈을 이완시켜 다량의 혈액 단백질을 여과시킨다. 여과된 다량의 단백질은 그 다음 단계인 세뇨관을 아무 방해 없이 통과해 소변으로 배출되면 그리 문제가 되지 않지만, 세뇨관을 통과할 때 세뇨관 상피세포를 통해 재흡수된다. 이때, 상피세포는 흡수된 다량의 단백질을 대사하는 데 과로하여 손상을 받거나 대식세포와 같은 염증세포를 불러들이는 염증 유발 인자를 많이 분비한다. 이로 인해 염증세포가 신장으로 모이게 되고 만성염증을 유도하여 조직파괴와 섬유화를 유도한다. 결국 당뇨와 고혈압으로 인해 유도된 만성염증은 신장 조직의 파괴와 섬유화가 이루어지는 방향으로 진행된다.

┃세뇨관 상피세포의 단백질 재흡수 및 만성염증 유발

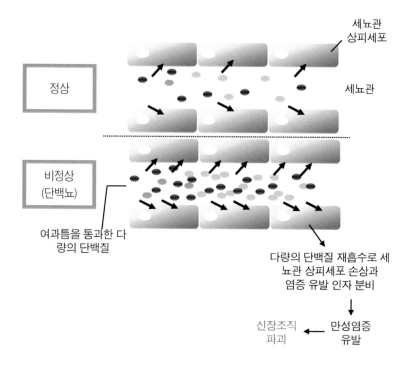

위의 그림은 사구체에서 정상적으로 여과된 소량의 혈액 단백질
이 세뇨관을 지나면서 상피세포에 의해 재흡수되는 과정을 보여주
고 있다. 아래 그림은 당뇨병, 고혈압 등으로 다량의 혈액 단백질이
여과된 후 세뇨관을 지나면서 상피세포가 흡수하고 있는 과정을
보여주고 있는 그림이다. 다량의 단백질 흡수로 인해 상피세포가 손
상되고 이로 인해 염증유발 인자가 분비되어 염증세포를 신장으로
유인한다. 이는 만성염증으로 이어져 신장조직을 파괴한다. 신장이
약 70% 파괴될 때까지 자각증상이 없어 병원에 내원하였을 때는

이미 많은 신장조직이 파괴된 후이다.

3. 기존 치료 방법과 한계

만성신장병의 특징은 당뇨와 고혈압 등에 의해 만성염증이 야기되어 섬유화와 조직이 파괴되는 전형적인 만성염증질환이다. 따라서 만성신장병을 치료하기 위해선 우선 주 원인인 당뇨와 고혈압을 치료해야 한다. 동시에 만성염증을 치료해야 하며 신장에 이미 진행되고 있는 섬유화로 인해 축적된 섬유성 단백질을 제거하여 조직 재생에 필요한 공간을 확보해야 한다. 더 나아가 이렇게 확보된 공간에 조직이 재생되어야 한다. 이 모든 과정이 모두 이루어진다면 다시 신장 기능이 회복되어 정상적인 생활을 누릴 수 있을 것이다.

그러나 현대의학의 의술로서는 이 모든 과정을 해결할 수 있는 약물 요법은 현재 존재하지 않는 것으로 알려져 있다. 신장이식이 가장 좋은 방법이지만 공여되는 신장 수는 매우 한정되어 있고, 따라서 신장이식의 기회가 올 때까지 환자는 피가 마르는 날들을 보내게 된다. 그때까지 단순히 요독을 제거하는 혈액 투석이 이루어지고 있는 실정이다. 따라서 새로운 의술이 대두되어야 된다는 것이 이 분야에 종사하는 임상의사나 기초의과학자의 공통된 염원이다.

▎만성신장병 발병과정

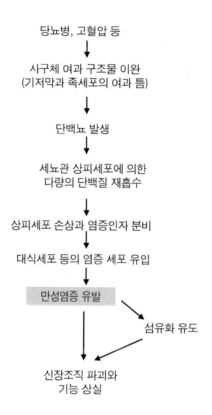

당뇨병, 고혈압 등

↓

사구체 여과 구조물 이완
(기저막과 족세포의 여과 틈)

↓

단백뇨 발생

↓

세뇨관 상피세포에 의한
다량의 단백질 재흡수

↓

상피세포 손상과 염증인자 분비

↓

대식세포 등의 염증 세포 유입

↓

만성염증 유발

섬유화 유도

신장조직 파괴와
기능 상실

당뇨병과 고혈압 등으로 인해, 사구체 여과막이 이완된다. 다량의 혈액 단백질이 여과되어 단백뇨를 형성하고, 세뇨관을 통과할 때, 다량의 단백질이 상피세포에 의해 재흡수된다. 이로 인해 상피세포는 손상되며 염증유발 인자를 분비한다. 대식세포 등의 염증세포가 유인되어 만성염증을 야기하여 신장조직을 파괴하고 신장기능 상실을 유도한다. 동시에 섬유화를 활성화하여 신장기능의 상실을 더욱 유도한다.

4. 만성신장병 치료제로서의 간엽줄기세포

섬유화는 만성 염증반응에 반드시 일어나는 생리현상이다. 피부의 경우, 만성 염증으로 인해 생기는 섬유화는 외부 침입자에 대해 더 튼튼한 방어벽을 구축할 수 있다는 장점이 있지만, 장기에서 섬유화는 장기 기능의 손상을 유도한다. 가능한 빨리 만성 염증 반응과 신장 조직의 섬유화 진행을 막아야 한다. 그러나 만성염증에 의한 섬유화는 불가역적이라 치료할 수 없다고 믿어 왔지만, 최근에 만성신장병 경우 섬유화가 가역적일 수 있다는 것을 임상적으로 관찰하였다. 섬유화가 진행된 당뇨병 환자의 신장을 정상인에게 이식한 후 섬유화가 많이 감소되어 있는 것을 관찰하였다.

이러한 가능성을 더욱 현실화하기 위해 간엽줄기세포의 투여를 고려하게 되었고, 실험동물을 이용한 많은 연구에서 투여 후 실제로 섬유화 억제와 손상된 조직이 재생됨을 관찰하였다. 섬유화 억제는 당연히 예견된 결과이기도 하다. 그 이유는 간엽줄기세포가 만성 염증 억제를 유도하는 강력한 면역 억제능력이 있기 때문이다. 따라서 만성 염증의 결과로 생기는 섬유화는 당연히 억제될 수 있다는 논리이다. 그다음 손상된 조직이 다시 재생되는 결과인데 초기에는 간엽줄기세포가 분화되어 조직이 재생되었을 것이라 생각하였다. 그러나 여러 실험을 통해 다음과 같은 결론에 도달하였다. 첫째, 간엽줄기세포 자체가 신장세포로 거의 분화되지 않았지만 간엽줄기세포는 신장에 존재하는 신장 줄기세포를 활성화하여 조직

재생을 유도한다. 둘째, 간엽줄기세포는 세포자멸사로 인해 죽어가는 신장조직 실질세포의 회생을 유도한다.

현재 급성신장병 치료를 위해 2상 임상 연구가 실시되고 있고, 줄기세포 투여가 허용되는 국가에서는 만성신장병을 치료하는 치료제로 간엽줄기세포를 사용하고 있는 중이다.

필자는 전 세계적인 연구결과를 토대로 간엽줄기세포가 만성신장병 치료에 효과가 있을 것이라 예측한다. 그러나 만약 환자의 신장조직 실질세포나 신장 줄기세포가 거의 남아 있지 않은 상태에서 그리고 섬유화로 인해 섬유성 단백질이 신장 공간을 대부분 점유하고 있다면 치료제로서 간엽줄기세포 효과는 아주 미미할 것으로 판단된다. 만성신장병의 자각증상은 신장 기능이 약 70% 상실되었을 때 생기며 그때서야 병원에 내원하는 것으로 알려져 있다. 이 의미는 아직도 약 30%의 신장 기능이 남아 있다는 것이다. 따라서 이 시기를 놓치지 말고, 주원인인 당뇨나 고혈압을 잘 관리함은 물론, 간엽줄기세포 시술을 적극적으로 받는다면 많이 호전될 가능성이 상대적으로 클 것으로 예측한다.

신장투석은 신장 기능이 약 10% 남아 있을 때부터 실시하는 것으로 알려져 있다. 적극적인 간엽줄기세포 시술로 남아 있는 30%를 잘 보존한다면, 국민건강보험공단이 매년 혈액투석으로 지불되는 약 1조 원 이상의 막대한 투석비를 많이 절약할 수 있고, 더 나아가 환자 삶의 질이 급격히 향상될 수 있으리라 판단된다.

▎만성신장병에 대한 간엽줄기세포 약리효과

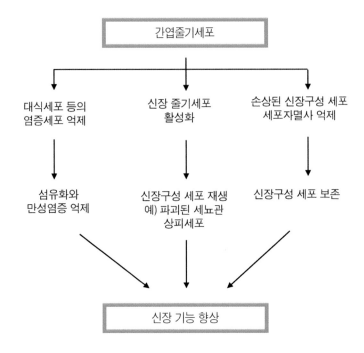

1) 신장은 혈액을 깨끗하게 하는 여과 장치이다. 여과 장치의 기본
   단위는 신원인데, 혈액을 여과하는 사구체, 여과된 물질을 다시
   흡수하는 세뇨관 그리고 재흡수 과정에서 남은 것을 다시 모아
   소변으로 배출하는 집합관으로 구성되어 있다.

2) 혈액여과 장치인 사구체 내에 여과될 혈액이 통과하는 실타래 모양의 모세혈관이 존재하고, 그것을 이중으로 감싸고 있는 섬유성 단백질로 이루어진 기지막과 족세포가 존재하며, 이들은 매우 좁은 여과 틈을 형성한다. 이 때문에 혈액에 존재하는 단백질은 크기가 커서 대부분 여과되지 못하고 다시 몸으로 돌아가 재사용된다.

3) 급성신장병은 자각증상이 있어 곧 원인을 발견할 수 있고, 대부분 치료가 가능하다. 한편, 만성신장병은 주로 당뇨병과 고혈압 등에 의해 발생된다. 당뇨와 고혈압으로 인해 여과막을 이루는 섬유성 단백질 막과 족세포가 이루는 좁은 여과 틈은 이완되고, 이 틈을 통해 다량의 단백질이 여과되며, 세뇨관을 통과할 때 상피세포에 의해 재흡수된다. 다량으로 재흡수된 단백질을 대사하는 상피세포는 손상되거나 염증 유발 인자를 분비해 대식세포 등을 불러들인다. 대식세포 등은 신장의 모든 곳에 만성 염증을 발생시켜 섬유화를 유도하고 조직을 파괴한다. 이로 인해 신장 기능은 거의 모두 상실된다. 현재 이 질환을 고치는 치료법은 신장이식 이외에는 없다.

4) 투여된 간엽줄기세포는 신장세포로 거의 분화되지 않는다. 그러나 간엽줄기세포는 많은 인자를 분비하여 만성염증을 억제하고 이로 인해 섬유화와 조직파괴를 억제한다. 동시에 신장조직 실질세포의 세포자멸사를 막고, 더 나아가 신장 줄기세포를 활

성화하여 신장조직의 재생을 도와준다. 치료효과는 만성신장병의 정도에 따라 상이할 것으로 예측한다.

5) 만성신장병의 자각증상은 신장 기능이 약 70% 상실되었을 때 생기며 그때서야 병원에 내원하는 것으로 알려져 있다. 이 의미는 아직도 약 30%의 신장 기능이 남아 있다는 것이다. 신장투석은 신장 기능이 약 10% 남아 있을 때부터 실시하는 것으로 알려져 있기 때문에 적극적인 간엽줄기세포 시술로 남아 있는 30%를 잘 보존한다면, 매년 혈액투석으로 지불되는 1조 원 이상의 막대한 투석비를 많이 절약할 수 있고, 더 나아가 환자 삶의 질이 급격히 향상될 수 있으리라 판단된다.

STEP 06 | 간경변증과 간엽줄기세포

술자리가 잦고 간염 바이러스 감염에 적지 않게 노출되어 있는 우리 국민은 간경화를 동반하는 간경변증에 걸릴 수 있다. 간경변증은 술과 간염 바이러스 등으로 인해 간이 딱딱해지는 병이다. 또한 그 합병증이 매우 무서워 생명을 위협할 수 있는 병으로 잘 알려져 있다.

1. 주요 간 기능과 구조: 간세포와 혈관과의 밀애

간은 우리 몸을 위해 수백 가지의 일을 한다고 알려져 있다. 엄청난 일꾼이다. 우선, 우리 몸의 주 에너지원의 하나인 혈당을 조절하고, 단백질 대사로 발생되는 독소인 암모니아를 요소로 만들어 배출하는 기능, 혈액 단백질인 알부민과 혈액응고 인자 생산, 좋은 콜레스테롤을 만드는 기능, 알코올 대사 그리고 몸에 돌아다니는 여러 독소들을 분해하는 기능 등이 있다. 모두 우리 몸 건강 유지에 없어서는 안 될 중요한 기능들이다.

간은 몸에서 피부 다음으로 큰 조직이며, 무게는 약 1.5킬로그램 정도이다. 간이 올바른 기능을 하기 위해 첫째, 간문맥을 통해 장에서 흡수한 영양분과 둘째, 간동맥을 통해 신진대사에 필수적인 산소를 공급받아야 한다. 그 이후 간은 그 영양분들을 잘 처리하여 생명 유지에 필요한 물질을 생산, 저장하거나 다시 간정맥을 통해 몸 전체로 보낸다. 이러한 과정은 간 대부분을 구성하는 간세포에서 이루어지며, 간세포는 각종 혈관과 밀접하게 인접되어 물물교환이 잘 이루어질 수 있는 구조로 존재한다. 이 구조는 정성적인 간 기능에 필수적인 요소이다. 나중에 다시 자세히 언급하겠지만 간경변증은 이 구조가 잘못되어, 즉 간세포와 인접한 혈관과의 소통이 더 이상 이루어질 수 없어 일어나는 질환이라고도 해도 과언이 아니다.

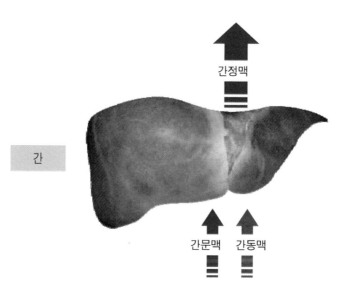

간은 우리 몸의 주 에너지원의 하나인 혈당을 조절하는 탄수화물 대사, 단백질 대사로 발생되는 독소인 암모니아를 요소로 만들어 배출하는 기능, 혈액 단백질인 알부민과 혈액응고 인자 생산, 소화를 돕는 담즙산 분비, 좋은 콜레스테롤을 만드는 기능, 알코올 대사, 그리고 몸에 돌아다니는 여러 독소들을 분해하는 기능 등, 이루다 말할 수 없는 중요한 기능을 한다. 간이 올바른 기능을 하기 위해, 간문맥을 통해, 장에서 흡수한 영양분과 간동맥을 통해 신진대사에 필수적인 산소를 공급받아야 한다. 간은 간세포를 이용하여 공급받은 영양분을 잘 처리해서 생명 유지에 필요한 물질을 생산한다. 그리고 저장하거나 간정맥을 통해 몸 전체로 보낸다.

2. 간 재생 능력

간은 다른 장기에 비해 재생능력이 탁월하다. 간의 탁월한 재생 능력을 언급하는 데 고대 그리스 신화에 나오는 프로메테우스 Prometheus를 언급하지 않을 수 없다. 그가 제우스Zeus의 소유인 불을 몰래 인간에게 전해 주어 인간의 문명이 발전되기 시작하였다고 한다. 화난 제우스는 프로메테우스를 바위에 묶어 낮에는 독수리에게 간을 쪼여 먹히게 하였는데, 밤이 되면 간은 다시 회복되어 다음 날 다시 간을 쪼여 먹히게 하여 영원히 고통을 겪게 하였다고 한다. 간이 무한히 재생할 능력이 있다는 것을 전제로 한 것이다. 사실상 지금까지 많은 연구를 통해 프로메테우스 간이 보여준 것처럼 실제로 간은 재생될 수 있음을 실험으로 보여주었다.

쥐의 간은 2/3가 잘려 나가더라도 약 일 주일 만에 본래의 크기로 재생된다. 인간의 경우는 3/4을 제거하더라도 약 4개월 후 본래의 크기대로 재생된다고 알려져 있다. 또 다른 실험에서는 본래대로 재생된 간을 다시 잘라 재생시키고 해서 12번까지 이런 식으로 간을 재생하였다. 더욱 재미난 실험은 한 개의 간세포가 34번 세포 분열하여 170억 개까지 증식되었다. 쥐의 간이 보통 3억 개의 간세포로 이루어져 있으니, 한 개의 간세포를 재생하여 50개 이상의 쥐 간을 만들 수 있다는 것을 보여주는 결과이다. 간이 엄청난 재생능력이 있다는 것을 보여주는 예들이다. 이러한 재생은 술이나 간염 바이러스에 의해 손상 받는 간세포에도 똑같이 적용되어 간세포 재생이 이루어진다. 역설적이게도 우리나라 국민이 술이나 간염바이러스에 의한 간 손상으로 적지 않게 간질환을 앓고 있는데 재생될 수 있다면 도대체 무엇이 문제인가?

▮ 간세포와 혈관과 밀접한 구조

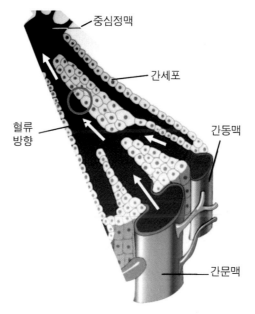

자료출처: 미국 국립 보건연구원 (National Institute on Alcohol Abuse and Alcoholism, National Institutes of Health)

간을 구성하는 간세포는 혈관과 밀접하게 인접되어, 물물교환이 잘 이루어질 수 있는 구조로 존재한다. 이 구조는 정상적인 간 기능에 필수적인 요소이다. 이 구조가 파괴되면 많은 문제가 야기된다. 빨간 동그라미로 표시한 간세포와 혈관과의 구조는 다음 그림에서 자세히 묘사되어 있다. 간문맥과 간동맥에서 온갖 영양분을 제공받고 간세포는 그 영양분들을 잘 처리하여 중심정맥을 통해 간정맥, 그리고 심장으로 보낸다.

3. 간경화의 원인과 발병 과정

우리나라에서 간경변증의 주범은 잦은 음주 그리고 각종 간염 바이러스이다. 이런 원인 말고도 상당히 많다. 비알코올성 지방간, 철이나 구리에 의한 간독성, 자가면역 질환에 의한 간염 등이 있다. 그러나 비록 원인은 이렇게 다양하지만 그 결과는 거의 동일하게 일어난다. 즉, 손상된 간세포는 재생됨과 동시에 콜라겐, 엘라스틴, 파이브로넥틴과 같은 섬유성 단백질이 만들어져 섬유화를 동반하게 된다. 이때, 염증이 급성이면 섬유화로 인해 만들어진 섬유성 단백질은 금속 단백분해 효소metalloproteinase에 의해 다시 분해되어, 결국 정상적인 구조를 가진 간이 재생된다. 그러나 만약 이 염증이 만성으로 이어진다면 문제는 달라진다. 술과 간염 바이러스 자체로 간이 손상되는 것은 물론, 그로 인해 일어난 만성 염증 역시 간 조직, 즉 간세포를 파괴한다. 이렇게 파괴된 간세포는 계속 재생될 수 있지만, 섬유화는 회복될 여유도 없이 불가역적으로 계속 진행된다.

B형 간염 바이러스에 감염되면 대부분 회복될 수 있다. 우리의

면역계는 항체를 이용해 바이러스를 몸에서 제거하거나 감염된 간세포는 살상 T 세포가 인지하여 죽여 버린다. 그러나 만약 우리의 면역계가 튼튼하지 못하거나 문제가 있어 바이러스를 주어진 시간에 완전히 제거하지 못한다면, 결국 우리의 면역계와 바이러스와의 전쟁은 지루한 장기전으로 변하게 된다. 간세포는 손상 받아 죽고, 재생되고, 또 면역세포들은 대거 이동하여 바이러스와 감염된 간세포와 싸움이 계속 이루어진다. 이때, 손상된 간세포와 면역세포 중 하나인 대식세포는 섬유성 단백질을 생산하는 별모양세포stellate cell 또는 근섬유아세포를 활성화시켜 섬유성 단백질 분비를 유도한다. 이렇게 활성화된 세포는 다시 면역세포를 활성화시켜 악순환의 고리가 형성된다. 비극은 여기서부터 시작된다. 이렇게 계속적으로 활성화되는 별모양세포 또는 근섬유아세포는 혈관과 간세포 사이에서 섬유성 단백질을 분비하여 결국 간세포와 혈관과의 소통을 끊게 한다. 그 결과 혈관으로 이동된 각종 영양분을 간세포에 줄 수도 없고, 간세포는 받은 것이 없어 줄 것도 없지만, 설령 있다 하더라도 혈관에게 줄 수 없다. 또 섬유화가 진행되면 간을 통과하는 혈관, 즉 간문맥 그리고 간동맥 등을 조여 버린다. 또 하나의 크나큰 비극이다. 조여진 혈관 때문에 간을 통과하는 혈액은 통과하지 못하게 되고, 결국 혈액은 식도나 위장 쪽으로 가는 혈관으로 뻗치게 된다. 심하면 식도로 가는 혈관이 터져 피를 토하거나 또는 위장으로 가는 혈관이 터져 혈변이 발생하게 된다. 이러한 무서운 합병증으로 결국 생명의 위협을 받게 된다. 그리고 간세포에서 해독작용을 해야 하는데 할 수 없으므로 그 독은 혈액을 타고 뇌로 이동하여 간성 혼수를 일으켜 혼수상태에 빠지게 한다. 그 이외에도 황달, 복수, 치핵 등을 야기한다. 방치하면 무서운 병이 될 수 있다.

여기에서 우리가 잊지 말아야 할 과정이 있다. 그것은 간세포의 재생이다. 정상적인 간에 존재하는 간세포보다는 엄밀하게 다를 수 있지만, 어찌됐건 손상된 간세포는 다시 재생된다. 그러나 앞에서 언급한 바와 같이, 혈관과 잘 소통할 수 없는 구조로 재생되기 때문에 우리 몸이 더 이상 사용할 수 없는 간세포로 재생되는 것이다. 간경변증이 있는 간 표면은 정상의 그것에 비해 울퉁불퉁하다. 간세포가 재생된 곳은 울퉁불퉁하고, 그 주위를 포위하고 있는 섬유성 단백질은 섬유장력을 만들어 주변 조직을 당긴다. 이로 인해 주위보다 조금 가라앉아 울퉁불퉁한 것처럼 보이는 것이다.

이것은 심한 화상으로 인해 생긴 섬유화 때문에 많이 일그러진 피부와 같다고 보면 그리 틀린 말은 아니다. 섬유성 단백질의 섬유장력 때문이다. 또 이것 때문에 간이 딱딱해지는 것이다.

앞에서 언급한 바와 같이, 정상적인 간에 존재하는 간세포보다는 엄밀하게 다를 수 있지만 재생된 간세포가 존재한다. 따라서 간경변증은 간 기능을 하는 간세포가 부족해서 문제가 생긴다기보다는 재생된 간세포에 영양분을 공급하거나 공급받는 혈관과의 소통두절에서 오는 것이다. 더욱이 그 혈관이 섬유성 단백질에 의해 조여져서 결국 혈액이 간을 통과하지 못해 생기는 병이다. 따라서 간경화를 치료하려면 섬유화로 인한 섬유성 단백질을 없애야 한다. 그렇게 하기 위해선 주원인인 술과 간염 바이러스 등을 멀리해야 하고, 간세포와 혈관의 소통을 가로막는 그리고 혈관을 조이는 섬유성 단백질을 반드시 제거해야 한다.

과거에 간 섬유화는 불가역적이라 믿었다. 즉 섬유성 단백질 제거가 불가능해 간경변증은 고치지 못하는 병으로 알려져 왔다. 그러나 지금은 여러 임상 결과를 통해 설령 말기 간경변증이라도 비록 몇 년이 걸리지만 섬유화로 인한 섬유성 단백질이 제거될 수 있다는 보고들이 존재한다. 즉, 섬유화가 가역적일 수 있다는 것을 의미하는 결과이다.

섬유화를 효과적으로 억제하려면 최소한 다섯 가지를 고려해야 한다. 첫째, 반드시 주원인을 없애야 한다. 둘째, 섬유화를 조장하는 염증세포의 기능을 억제해야 한다. 가장 큰 문제이다. 셋째, 섬유성 단백질을 만드는 세포의 기능을 억제하거나 제거해야 한다. 넷째, 일단 분비된 섬유성 단백질은 금속 단백분해 효소 등에 의해 분해되어 제거되어야 한다. 마지막으로 금속 단백분해 효소 작용을 억제하는 금속 단백 분해효소 억제효소가 존재하는데, 그 역시 제거해야 한다. 조금 복잡하다.

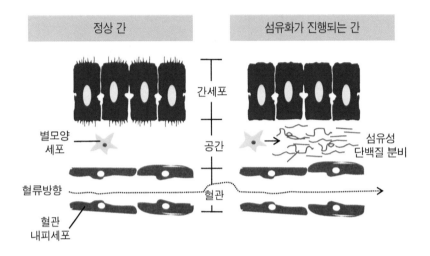

간세포와 혈관은 매우 밀접하게 인접되어 있고 그 사이에 매우 작은 공간이 존재한다. 이 공간에 별모양세포가 있다. 왼쪽 그림에서 보는 것과 같이 간세포와 혈관은 소통하기 좋은 구조로 되어 있다. 그러나 오른 쪽 그림에서 보는 바와 같이, 음주, 또는 간염바이러스 감염은 염증을 야기하고 별모양세포를 활성화하여 섬유성 단백질 분비를 유도한다. 분비된 섬유성 단백질은 간세포와 혈관의 소통을 방해한다. 섬유화가 오래 지속되면 간이 경화되는 것은 물론, 간세포와 혈관의 소통이 완전히 단절되어 생명을 위협하는 합병증이 발생한다.

간경변증 발병과정

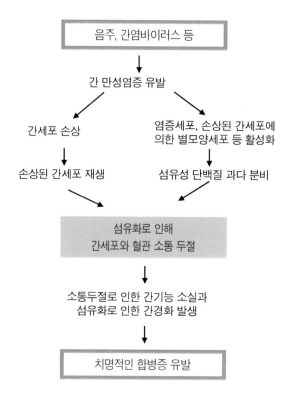

간은 계속 손상을 입으면 만성염증이 유발되어 두 가지가 일어난다. 간세포 재생과 섬유화. 그러나 불행히도 간세포 재생과 섬유화는 간 기능에 필수적인 간세포와 혈관과의 소통을 단절하는 방향으로 진행된다. 즉, 섬유성 단백질은 간세포와 혈관과 사이에 축적되어 그 소통을 단절시키고, 더욱 심하면 간을 통과하는 혈관까지 조여 혈액이 통과하지 못하게 된다. 이로 인해 목숨을 잃을 수 있는 합병증이 발생될 수 있다.

4. 미래 치료법: 간엽줄기세포 투여

이 모든 것을 충족하는 효과적 약제는 아직 개발되지 않았다. 그러나 간엽줄기세포는 이 모든 요소를 거의 제어하는 성질을 가지고 있다. 즉 일당백의 역할을 할 수 있는 세포이다. 우선 염증세포의 기능을 억제하는 작용은 잘 알려져 있다. 섬유 단백질을 만들어 내는 별모양세포는 간엽줄기세포가 분비하는 생리제어 인자들에 의해 그 기능이 억제되거나 세포자멸사에 빠져 죽게 하는 기능도 보고되었다. 그리고 금속 단백분해 효소를 억제하는 효소 또한 그 기능을 억제한다는 연구결과도 존재한다.

2011년 2월 12일에 방영된 KBS 「생로병사의 비밀」에서 다음과 같은 내용을 접하게 되었다. 우리나라의 한 대학병원에서 골수에서 추출한 골수세포를 말기 간경변증 환자에 주입하여 많은 효과를 보았다는 것이다. 매우 고무적이다. 대학 의료진은 효과가 있음을 강조하였고, 앞으로 골수세포 중 어느 세포가 그 효과를 발휘하는지에 대해 밝혀야 한다고 하였다. 필자는 아마도 골수세포에 포함된 간엽줄기세포가 그 효과를 발휘하지 않았을까 추정한다. 사실상 2007년 모하메드네자드Mohamadnejad 등은 골수 조혈모세포 또는 골수 간엽줄기세포를 분리 증식하여 말기 간경변증 치료 임상실험에 이용하였다(Arch. Iran Med. 10권, 459~66쪽 그리고 World J. Gastroenterol. 13권, 3359~63쪽). 결론부터 말한다면 골수 조혈모세포보다는 골수 간엽줄기세포가 더욱 효과적이라는 연구결과를 발표하였다.

▌간경변증에 대한 간엽줄기세포 약리효과

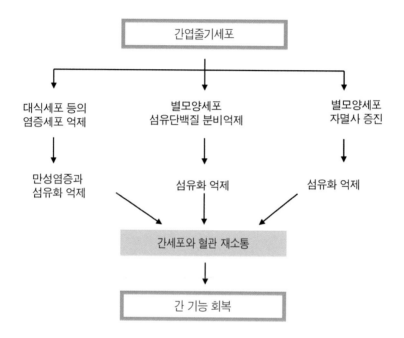

투여된 간엽줄기세포는 간세포로 거의 분화되지 않는다. 그러나 많은 인자가 분비되어 강력한 면역억제 기능이 유도되어 염증세포를 억제하고, 섬유성 단백질을 분비하는 별모양세포의 기능을 억제, 또는 세포자멸사에 빠져 죽게 한다. 결국 섬유화 억제로 인해 간세포와 혈관이 다시 소통되고 간기능은 회복될 수 있다.

앞에서 언급한 바와 같이, 간경변증은 간염 바이러스를 포함한 여러 원인에 의해 발생된다. 만약 간염 바이러스에 의해 생기는 간경변증 치료에 간엽줄기세포를 이용할 수 있을까? 이 문제에 대한 해답은 매우 조심해야 할 것으로 판단된다. 그 이유는 다음과 같다. 실례로 B형 간염을 야기하는 바이러스는 대부분 우리 면역계가 제거하여 자연적으로 고칠 수 있다. 그러나 면역계의 문제로 또는 우리가 알지 못하는 문제로 주어진 시간에 바이러스를 제거하지 못한다면 만성 간염이 발생하고 결국 간경변증으로 이어진다. 이러한 상황에서 만성염증과 간 섬유화를 완화시키기 위해 간엽줄기세포를 투여하면 우리 면역계는 바이러스를 제거하는 데 더욱더 어려움을 겪을 것이다. 그 이유는 간엽줄기세포는 강력한 면역억제 기능이 있기 때문이다. 따라서 환자 상황에 따라 간엽줄기세포 투여가 더 많은 치료효과를 줄 수 있는지에 대해 우선 결정해야 할 것으로 판단된다.

6. 요점

1) 간은 우리 몸을 위해 수백 가지의 일을 한다고 알려져 있다. 혈당 조절, 단백질 대사로 발생되는 독소를 배출하는 기능, 혈액 단백질인 알부민과 혈액응고 인자 생산, 좋은 콜레스테롤을 만

드는 기능, 알코올 대사 등 우리 몸의 건강 유지에 없어서는 안 될 중요한 기능을 한다.

2) 우리 간은 계속 손상을 입으면 반드시 두 가지가 일어난다. 간세포 재생과 섬유화. 그러나 불행히도 간세포 재생과 섬유화는 간 기능에 필수적인 간세포와 혈관과의 소통을 단절하는 방향으로 진행된다. 즉, 섬유화로 만들어진 섬유성 단백질은 간세포와 혈관과의 사이에 축적되어 그 소통을 단절시키고, 더욱 심하면 간을 통과하는 혈관까지 조여 혈액이 통과하지 못한다. 이로 인해 목숨을 위협하는 합병증이 발생된다.

3) 간경변증의 주요문제는 재생되는 간세포 문제보다는 섬유화 문제로 결론지을 수 있다. 현재 섬유화를 억제하거나 이미 만들어진 섬유성 단백질을 제거하는 효과적인 약제는 존재하지 않는다.

4) 간엽줄기세포는 만성염증과 섬유화를 억제한다. 말기 간경변 환자 치료에 효과적 대안이 없는 이때, 차세대 치료제로서 간엽줄기세포를 신중하게 고려해 볼 필요가 있다.

5) 간염 바이러스 감염에 의해 생기는 간경화증을 치료할 목적으로 간엽줄기세포를 투여할 경우, 매우 신중해야 할 것으로 판단된다. 간엽줄기세포의 강력한 면역억제 기능으로 면역계는 바이

러스를 제거하는 데 어려움을 겪을 수 있다. 따라서 환자 상황에 따라 간엽줄기세포 투여가 더 많은 치료효과를 줄 수 있는지에 대해 우선 결정해야 할 것으로 판단된다.

당뇨병은 깊이 언급할 필요가 없는 질환이다. 어림잡아 국민 10명 중 1명이 당뇨병을 앓고 있고, 책과 인터넷을 통해 쉽게 많은 지식을 습득하고 있기 때문에 적지 않은 환자는 전문가보다 당뇨병에 대해 더 많은 지식을 가지고 있을 정도이다. 필자도 당뇨병 관련 연구를 오랫동안 하였다. 인슐린은 췌장 소도에 있는 베타세포에서만 분비되는데, 이스라엘 와이즈만 연구소에서 췌장 베타세포에서만 인슐린이 만들어지는 이유에 대해 연구하였다. 미국 하버드 의대에서는 제2형 당뇨병 발병과 많은 연관이 있는 비만 형성의 분자기전에 대해 연구하였다. 그리고 연세대 의과대학에서 제1형 당뇨병을 치료할 수 있는 인슐린 유전자요법에 대해서도 연구하였다. 이렇게 오랫동안 당뇨병 관련분야 전반에 걸쳐 연구한 기초 의학자로서 간엽줄기세포로 당뇨병을 치료할 수 있는지에 대해 매우 많은 관심을 가지고 있다.

1. 인슐린: 혈당강하의 필수 호르몬

밥을 먹지 않은 공복인 경우, 특히 아침에 일어나 아침 식사를 하기 전, 혈액 100밀리리터 당 혈당농도는 100밀리그램이다. 즉 혈당은 100으로 유지된다. 이러한 상황에서 신체 내부에서 일어나는 혈당관련 호르몬 작용을 보면, 우선 인슐린과 반대작용을 하는 호르몬인 글루카곤에 의해 간에서 축적된 포도당이 분비되어 공복이라 할지라도 더 이상 혈당이 떨어지지 않고 혈당 100을 항상 유지시켜 준다. 만약 혈당이 100 이하로 내려가면 우리 뇌의 주 에너지원인 포도당 결핍으로 생명에 위협을 줄 수 있는 혼수상태에 빠질 수 있기 때문이다. 이때 글루카곤의 역할을 견제하기 위해 췌장 베타세포에서 약간이지만 인슐린이 항상 분비된다. 즉 이 두 호르몬의 작용 및 반작용에 의해 우리의 혈당은 항상 100이 유지된다.

식사 후, 혈당은 급격히 상승하기 때문에 췌장 베타세포는 고혈당을 신속하게 인지하고 혈당강하를 위해 인슐린을 더욱 많이 분비한다. 이렇게 분비된 인슐린은 혈액을 통해 혈당의 주 흡수장기인 근육, 간 그리고 지방조직 등으로 이동한다. 그 다음 흡수장기 세포에 결합하여 혈중에 포도당이 많이 있다는 신호를 보낸다. 흡수장기는 인슐린 신호를 감지하고 혈중 포도당을 흡수하기 시작한다. 결국 인슐린과 흡수장기의 합동 작전에 의해 식사 후 높아진 혈당이 다시 정상으로 유지된다.

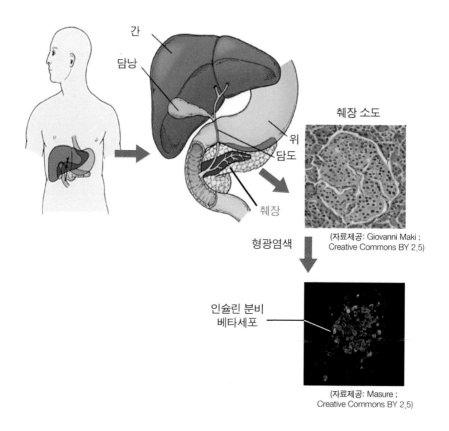

췌장 소도

(자료제공: Giovanni Maki ;
Creative Commons BY 2.5)

형광염색

인슐린 분비
베타세포

(자료제공: Masure ;
Creative Commons BY 2.5)

혈당을 조절하는 호르몬 인슐린은 췌장의 소도에 있는 베타세포
에서 분비된다. 췌장은 위장 아래에 있는 십이지장에 연결되어 있
고, 약 백만개의 작은 섬, 즉 소도 조직이 관찰된다. 소도는 다시 여
러 종류의 호르몬을 생산하는 세포들로 이루어져 있다. 그 중 약
65 - 90%가 인슐린이 분비되는 베타세포이다. 형광염색 기법을 이
용하여 녹색 형광으로 염색된 베타세포가 췌장소도에서 관찰된다.

2. 제1형 및 제2형 당뇨병

식사 후 높아진 혈당이 정상으로 내려가기 위해서는 반드시 두 가지가 일어난다. 첫째, 인슐린은 췌장 베타세포에서 더욱 많이 분비된다. 둘째, 인슐린은 흡수장기에 결합하여 혈중에 포도당이 많이 있음을 알린다. 여기서 만약 인슐린을 분비하는 췌장 베타세포가 파괴되면 인슐린 결핍으로 제1형 당뇨병이 발생된다. 제1형은 면역세포 중 하나인 살상 T 세포가 췌장 베타세포를 남으로 오인하여 공격하고 파괴하는 자가 면역질환이다. 소아에게 발병되므로 소아 당뇨병이라고도 한다. 제1형 당뇨병 환자는 인슐린을 외부에서 공급받아야 한다. 만약 인슐린을 투여 받지 않는다면 고혈당이 유지되어 당뇨 합병증이 생기고 결국 생명에 위협을 줄 수 있는 상황까지 이르게 된다.

제2형 당뇨병 환자는 건강한 췌장 베타세포를 가지고 있다. 따라서 정상적으로 인슐린이 분비된다. 그러나 분비된 인슐린은 혈당의 주 흡수장기에 이동되어 혈중에 포도당이 많이 있다는 신호를 보내지만, 여러 이유로 인해 흡수장기는 그 신호를 무시하고, 즉 인슐린 저항성insulin resistance에 빠지게 된다. 그 결과 인슐린이 많이 존재한다 할지라도 흡수장기의 인슐린 저항성으로 인해 높은 농도의 혈당을 흡수하지 못해 고혈당이 발생된다. 제2형 당뇨병의 인슐린 저항성은 비만 또는 과잉 에너지 섭취와 밀접한 관계를 가지고 있다. 따라서 과잉 에너지 제거 방향으로 생활하거나 인슐린 반응개선제를 복용해 인슐린 저항성을 반드시 개선해야 한다. 만약 개선하지 않는다면, 고혈당은 계속 유지되고, 그 결과 췌장 베타세포는 지속되는 고혈당을 감지하여 인슐린을 계속 분비한다. 결국 췌장 베타세포는 과로에 의해 죽는다. 췌장 베타세포 세포자멸사의 원인 중 하나이다. 따라서 더 이상 인슐린을 생산하지 못해 결국 제2형 당뇨병도 말기에는 인슐린 반응개선제는 물론 인슐린을 외부에서 공급받아야 한다.

┃ 인슐린, 혈당, 그리고 당뇨병 발병

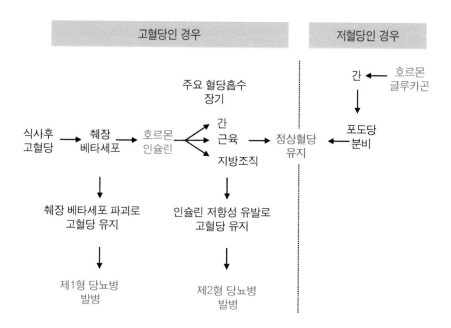

식사 후 혈당이 급격히 상승되면 췌장 베타세포는 고혈당을 신속하게 인지하고 인슐린을 많이 분비한다. 분비된 인슐린은 혈액을 통

해 혈당의 주 흡수장기인 근육, 간, 그리고 지방세포 등으로 이동한다. 그 다음 흡수장기에 결합하여 혈중에 포도당이 많이 있다는 신호를 보낸다. 이로 인해 흡수장기들은 인슐린 신호를 감지하고 고농도의 포도당을 흡수하게 된다. 만약 췌장 베타세포 파괴로 인슐린이 분비되지 않으면 제1형 당뇨병이 발생되고, 흡수장기에 혈중 포도당이 많이 있다는 신호를 보내지만 흡수장기가 그 신호를 무시하면 인슐린이 많이 존재한다 할지라도 흡수장기는 혈당을 흡수하지 못한다. 제2형 당뇨병이 발생되는 것이다.

만약 혈당이 낮을 경우, 호르몬 글루카곤은 간을 활성화하여 간에 저장되어 있는 포도당을 혈중에 분비하여 혈당을 상승시킨다.

3. 정상인과 당뇨병 환자의 혈당패턴

정상인은 아무리 과식을 한다 할지라도 혈당 200을 넘지 않고, 또 식사 후 2시간 내에 정상 혈당인 100으로 다시 유지된다. 그 사이에 우리 췌장 베타세포는 고혈당을 인지하여 신속하게 인슐린을 분비하고 이로 인해 흡수장기는 재빨리 고혈당을 흡수한다. 효율적이며 재빠른 동작이다. 이것이 정상인들의 식사 후 전형적인 혈당패턴이다. 다시 한 번 강조하면 첫째, 혈당 200을 넘지 않는다. 둘째, 식사 후 2시간 내에 정상 혈당인 100으로 다시 유지된다.

만약 제1형 당뇨병인 경우, 식사 후 혈당패턴은 어떨까? 만약 외부에서 인슐린을 공급받지 못하면, 제1형 당뇨 환자 몸 안에는 흡수장기에 고혈당을 알릴 수 있는 방법이 전혀 없다. 췌장 베타세포가 파괴되어 인슐린을 분비하지 못하기 때문이다. 따라서 혈당은 식사 정도에 따라 매우 높게 상승하고, 정상 혈당인 100으로 내려오지 못한 상태에서 다음 식사를 한다. 이로 인해 고혈당이 계속 유지된다.

제2형 당뇨병인 경우, 식사 후 혈당패턴은 어떨까? 만약 인슐린 저항성을 개선하지 못한다면, 식사 후 혈당은 식사의 양에 따라 그리고 인슐린 저항성 정도에 따라 혈당 200을 넘어가며, 혈당 100으로 다시 돌아오려면 2시간 이상이 소요된다. 제1형과 만찬가지로 정상 혈당인 100으로 내려오지 못한 상태에서 다음 식사를 한다. 이로 인해 고혈당이 계속 유지된다.

혈당 농도와 인슐린 농도와의 밀접한 관계

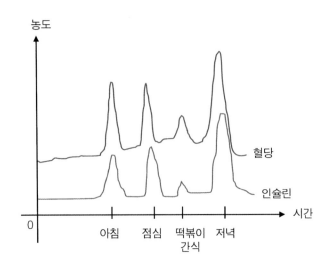

식사 후, 급격히 상승한 혈당 농도는 췌장 베타세포가 신속하게 감지하고 인슐린을 분비한다. 분비되는 인슐린 양은 혈당의 농도만큼 분비한다. 인슐린이 필요 이상 분비되면 저혈당, 필요 이하로 분비되면 고혈당에 빠져 문제를 야기하기 때문이다. 따라서 만약 혈당이 낮아지기 시작하면 인슐린 분비도 그에 맞춰 신속하게 줄어들어야 한다. 만약 줄어들지 않으면 저혈당 발생으로 인해 혼수를 유도하고 결국 정신을 잃어 쓰러지기 때문이다. 떡볶이 간식을 먹을 때에도 인슐린이 분비되지만, 분비량은 식사 때 보다는 적음을 관찰할 수 있다. 딱 그만큼 분비된다. 췌장 베타세포는 혈당을 신속하게 감지하고, 그에 맞춰 그만큼만 인슐린을 분비하는 시스템을 갖춘 매우 지혜로운 세포이다.

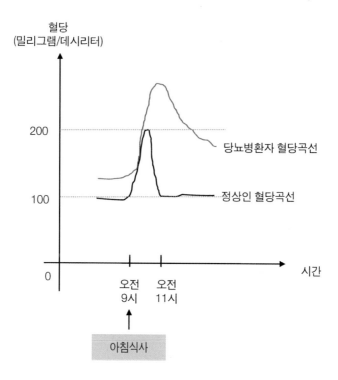

정상인은 아무리 과식을 한다 할지라도 혈당 200을 넘지 않고, 또 식사 후 2시간 내에 정상 혈당인 100으로 다시 유지된다. 그 사이에 췌장 베타세포는 고혈당을 인지하여 신속하게 인슐린을 분비하고 이로 인해 흡수장기는 재빨리 혈당을 흡수한다. 효율적이며 재빠른 동작이다. 이것이 정상인들의 식사 후 전형적인 혈당 패턴이다. 제1형 또는 제2형 당뇨 환자의 경우, 공복인 아침식사 전에도 혈당이 100보다 높음을 관찰할 수 있다. 이러한 상태에서 아침식사를 하면 혈당은 급격히 올라가고 식사 정도에 따라 혈당 200을 훨

씬 상회한다. 제1형의 경우, 인슐린 결핍, 제2형의 경우, 흡수조직의
인슐린저항성으로 혈당은 흡수되지 못해 정상인보다 고혈당을 유
지한다.

▎고혈당이 합병증을 야기하는 이유

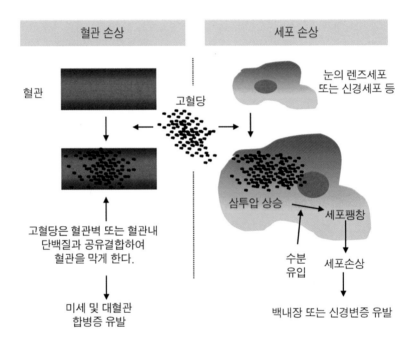

고혈당 노출에 의해 크게 두 가지가 몸 안에서 일어난다. 첫째,
혈액에 포도당이 많으며 많을수록 포도당은 혈관에 존재하는 여러
단백질들과 여러 생화학 반응을 거쳐 효소로 분해할 수 없는 불가
역적 공유결합을 한다. 이로 인해 혈관은 계속 좁아지게 되고 결국
무서운 심혈관계 질환으로 이어지게 된다. 각종 뇌질환은 물론 심

근경색 또는 신장투석을 동반하는 만성 신장 질환, 망막 혈관 이상으로 인한 당뇨성 망막 질환, 또는 피부조직이 괴사되는 난치성인 당뇨 발 창상 등, 아주 무서운 합병증을 야기하게 된다. 둘째, 눈의 렌즈 세포나 신경세포는 인슐린 도움 없이도 포도당을 흡수한다. 즉, 고혈당일 때, 혈당이 낮아질 때까지 계속 혈당을 흡수하게 된다. 그 결과 세포에서 고농도의 포도당이 대사되고 대사물질의 농도는 높아져 세포내 삼투압 증가를 유도한다. 높아진 삼투압을 정상화하기 위해 세포 밖의 수분을 세포내로 끌어 들인다. 이로 인해 세포는 삼투압성 손상을 받게 되고 결국 당뇨 합병증인 백내장이나 신경변증이 발생된다.

4. 당뇨 합병증 발병 이유

제1형인 경우 인슐린 결핍이나 제2형의 경우 흡수장기의 인슐린 저항성으로 말미암아 우리 몸은 그만큼 고혈당에 많이 노출된다. 그 자체로는 그리 위험한 질환은 아니다. 그러나 고혈당 노출에 의해 이차적으로 생기는 합병증이 생명에 위협을 줄 수 있기 때문에 매우 위험한 병이다.

고혈당 노출에 의해 여러 가지 변화가 몸 안에서 일어난다. 두 가지만 소개하자. 첫째, 혈액에 포도당이 많으면 많을수록 포도당은 혈관에 존재하는 여러 단백질들과 여러 생화학 반응을 거쳐 효소로 분해할 수 없는 불가역적 공유결합을 한다. 이로 인해 혈관은 계속 좁아지게 되고 결국 무서운 심혈관계 질환으로 이어지게 된다. 상수도관이 녹과 불순물에 의해 자꾸 좁아져 문제를 발생하는 원리와 같다. 각종 뇌질환은 물론 심근경색 또는 신장투석을 동반하는 만성신장 질환, 망막 혈관 이상으로 인한 당뇨성 망막 질환 또는 피부조직이 괴사되는 난치성인 당뇨 발 창상 등 무서운 합병증을 야기하게 된다. 둘째, 우리 몸은 여러 종류의 세포로 구성되어 있는데 그중 눈의 렌즈세포나 신경세포 등은 인슐린의 도움 없이도 포도당을 흡수한다. 즉, 고혈당일 때 혈당이 낮아질 때까지 계속 혈당을 흡수하게 된다. 그 결과 세포 내 고농도의 포도당이 대사되고 대사된 물질에 의해 여러 방향으로 합병증을 유발한다. 그중 대사물질의 농도는 높아지게 되고 세포 내 삼투압이 높아져 수분을 세포 내로 끌어들인다. 이로 인해 세포는 삼투압성 손상을 받게 되고, 결국 당뇨 합병증인 백내장이나 신경변증이 발생된다.

| 주요 당뇨병 치료제

제1형 당뇨병	제2형 당뇨병
• 인슐린, • 혈당강하제, • 식이요법 등	• 인슐린, • 혈당강하제, • 인슐린저항성 개선제, • 운동과 식이요법 등

제1형은 인슐린 결핍으로 생기는 질환이기 때문에 인슐린을 투여

해야 하다. 그 외에 혈당강하제, 운동과 식이요법 등이 있다. 제2형은 과다 칼로리 섭취로 인한 잉여 칼로리가 몸에 축적되어 일어나는 질환이다. 잉여 칼로리는 포도당을 흡수하는 장기에 인슐린 저항성을 유발한다. 이런 이유로 가장 좋은 치료법은 절제된 칼로리 섭취와 잉여 칼로리를 연소하는 운동이다. 추가적으로 인슐린 저항성 개선제, 혈당강하제 등이 있다. 만약 췌장 베타세포가 파괴될 경우, 인슐린 저항성 개선은 물론이고 인슐린까지 투여해야 하므로 제1형 보다 더욱 나쁜 상황으로 빠질 수 있다.

5. 주요 당뇨병 치료 방법

제1형이나 제2형 당뇨병은 평생을 같이하는 대사성 질환이다. 그 자체로 생명을 위협하는 병은 결코 아니다. 현존하는 약으로도 상당히 호전될 수 있다. 그러나 합병증의 심각성을 인지하지 못하고 자각 증상이 없다 하여 혈당관리를 소홀히 하면, 결국 합병증으로 인해 호미로도 막을 수 있는 것을 가래로도 막을 수 없는 크나큰 결과가 초래된다.

제1형의 경우는 인슐린, 혈당강하제 그리고 식이요법 등이 있으며, 제2형의 경우는 운동과 식이요법, 인슐린저항성 개선제 그리고 혈당강하제 등이 있다. 만약 췌장 베타세포가 파괴되었을 경우 제1형과 만찬가지로 외부에서 인슐린을 공급받아야 한다.

    파괴된 췌장 베타세포를 재생하기 위해 간엽줄기세포를 포함한 여러 종류의 줄기세포를 이용하여 인슐린을 생산하는 세포를 만들려는 시도가 상당히 많이 이루어졌다. 실제로 우리나라를 포함한 세계 여러 나라에서 간엽줄기세포로 인슐린을 분비하는 세포를 만들었고, 당뇨 실험쥐에 투여하였을 때 혈당강하 효과가 있다는 연구결과도 발표되었다. 그러나 세계 당뇨학계에서는 현재까지 고무적인 연구결과에 대해 아주 조심스러운 해석을 한다. 실제로 췌장 베타세포는 정확하게 혈당량을 감지하고 그만큼 인슐린을 방출한다. 만약 이 기능이 정확하게 발휘되지 못하여 인슐린이 너무 많이 분비되면 저혈당이 유발되고, 만약 인슐린이 적게 분비되면 고혈당이 그대로 유지된다. 현재까지 이 기준을 충족하는 연구결과가 아직 없는 것으로 판단된다. 학계에서도 이러한 점을 우려하여 앞으로 많은 연구를 요구하고 있다. 또 하나의 문제점은 췌장 베타세포를 파괴하는 자가 살상 T 세포 등이 환자에 그대로 존재한다는 것이다. 이러한 상황이 개선되지 않는다면 설령 췌장 베타세포를 성공적으로 재생하여 제1형 환자에게 주입한다 할지라도 오래가지 못할 것이라는 예측이다. 마지막으로 효율적인 치료 효과를 얻기 위해서는 췌장에 존재하는 만큼의 베타세포를 만들 수 있는 기술이 필요하다. 제22장에서 계산한 바와 같이 약 10억 개의 베타세포가 필요하다. 그러나 현재 이 정도의 세포를 대량생산할 기술이 아직 존재하지 않는 것으로 알려져 있다. 이 문제 역시 해결하려면 앞으로 많은 연구가 이루어져야 할 것으로 판단된다. 결론적으로 간엽줄기세포를 포함한 여러 종류의 줄기세포를 이용하여 제1형 당뇨병을 치료하려면 앞으로 많은 연구가 요구된다는 것이 학계의 중론이다.

간엽줄기세포가 인슐린저항성을 개선하여 제2형 당뇨병을 장기적으로 치료할 수 있다는 연구는 아직 없는 것으로 판단된다. 굳이 줄기세포를 사용하지 않더라도 운동과 식이요법, 인슐린저항성 개선제 그리고 혈당강하제 등으로 제2형 당뇨병이 상당히 호전될 수 있다고 판단된다.

당뇨병치료를 위한 세포치료 연구현황

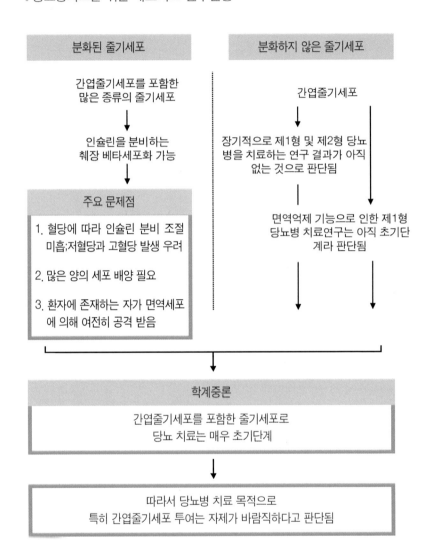

분화된 줄기세포	분화하지 않은 줄기세포

간엽줄기세포를 포함한
많은 종류의 줄기세포

↓

인슐린을 분비하는
췌장 베타세포화 가능

↓

주요 문제점

1. 혈당에 따라 인슐린 분비 조절
   미흡;저혈당과 고혈당 발생 우려

2. 많은 양의 세포 배양 필요

3. 환자에 존재하는 자가 면역세포
   에 의해 여전히 공격 받음

간엽줄기세포

↓

장기적으로 제1형 및 제2형 당뇨
병을 치료하는 연구 결과가 아직
없는 것으로 판단됨

↓

면역억제 기능으로 인한 제1형
당뇨병 치료연구는 아직 초기단
계라 판단됨

학계중론

간엽줄기세포를 포함한 줄기세포로
당뇨 치료는 매우 초기단계

↓

따라서 당뇨병 치료 목적으로
특히 간엽줄기세포 투여는 자제가 바람직하다고 판단됨

1) 혈액 중 포도당 농도는 호르몬인 글루카곤과 인슐린에 의해 엄격하게 조절된다. 글루카곤은 낮아진 혈당농도를 올려주고, 반대로 인슐린은 높아진 농도를 낮추는 역할을 한다. 이런 식으로 정상인의 공복 시 혈당은 혈액 100밀리리터 중 100밀리그램, 즉 혈당 100을 유지하게 된다. 설령 과식을 하였다 할지라도 정상인의 혈당은 200을 넘지 않는다. 그리고 식사 후 2시간 내에 정상인의 혈당은 반드시 100으로 다시 유지된다. 만약, 인슐린 결핍이나 기능에 문제가 존재하면 식사 후 최대 혈당 200이라는 마지노선이 무너지고, 식사 후 2시간 내에 혈당 100으로의 복귀는 무산된다. 즉, 고혈당이 유발되어 당뇨병이 발병하게 된다.

2) 당뇨병에는 제1형과 제2형이 존재한다. 제1형은 인슐린을 생산하는 세포가 자가 면역계에 의해 파괴되어 결국 인슐린 결핍으로 이어져 발생되는 당뇨병이다. 제2형은 정상적으로 생산된 인슐린이 흡수장기에 고혈당 신호를 보내지만 흡수장기는 그 신호를 무시하고, 즉, 인슐린 저항성으로 인해 혈중 포도당을 흡수하지 못한다. 그 결과 고혈당이 발생되는 제2형 당뇨병이 발생된다.

3) 당뇨병 그 자체보다는 합병증으로 생명에 위협을 받을 수 있다.

혈액에 존재하는 고농도의 포도당은 혈관에 있는 여러 단백질들과 생화학 반응을 거쳐 효소로도 분해할 수 없는 불가역적 공유결합을 한다. 결국 혈관을 좁혀 무서운 심혈관계 질환 발생을 유도한다. 한편, 우리 눈의 렌즈세포나 신경세포 등은 인슐린 도움 없이도 포도당을 흡수한다. 혈액의 고혈당으로 인해 계속 혈당을 흡수하게 된다. 세포 내 고농도의 포도당이 대사되어 고농도의 대사물질을 만들어 낸다. 이로 인해 세포 내 삼투압이 높아지고, 높아진 삼투압을 정상화하기 위해 수분을 세포 내로 끌어들인다. 이로 인해 세포는 삼투압성 손상을 받게 되고, 백내장이나 신경변증 같은 합병증이 발생된다.

4) 간엽줄기세포를 이용하여 제1형 당뇨병을 치료하는 가능성을 보여주는 연구는 적지 않게 존재하지만 당뇨병 치료제로서 임상 적용은 아직 초기단계라는 것이 학계 중론이다. 제2형 당뇨병 경우, 간엽줄기세포가 포도당 흡수장기의 인슐린 저항성을 장기적으로 개선하여 준다는 신뢰하는 연구결과가 아직 존재하지 않는 것으로 판단된다.

우리 몸에 존재하는 모든 장기는 심장이 공급해주는 혈액을 통해 산소와 영양분을 공급받고 생존하여 각각의 장기기능이 원활하게 유지된다. 혈액을 공급하는 심장도 예외일 수는 없다. 만약 심장에 산소와 영양분을 공급하는 혈관, 즉 관상동맥이 갑자기 막힌다면 산소와 영양분 결핍으로 심장의 동력원인 심근은 죽기 시작한다. 최악의 경우 심장은 멎게 된다. 이것이 바로 생명을 위협하는 급성심근경색이다.

뇌졸중의 경우와 마찬가지로 고지혈증, 고혈압, 당뇨, 흡연, 스트레스 등으로 인해 혈관이 좁아지기 시작한다. 일단 관상동맥이 막혀 의식을 잃어버리면 병원에 도달하기도 전에 약 1/3이 사망하고, 병원에 도착하여 생명을 구한다 하더라도 5년 내에 합병증으로 인해 약 60%가 사망하는 매우 무서운 병이다. 좁아진 혈관으로 인해 가슴에 쥐어짜는 듯한 통증을 느끼면 반드시 병원에 내원하여 치료받아야 한다. 협심증이다.

발병 후 치료는 주로 막힌 혈관을 뚫어주는 것이지만, 일단 심근이 경색되어 죽게 되면 재생할 수 없다. 따라서 혈관을 뚫은 후 치료는 경색 부위를 가능한 한 좁히고, 또 경색으로 인해 야기되는 후유증 발생을 억제하는 방향으로 치료가 이루어진다. 아직까지 효과적인 약제는 존재하지 않는 것으로 알려져 있다. 현재 간엽줄기세포를 포함한 많은 종류의 세포를 이용하여 기존 치료방법의 한계를 극복하려 노력하고 있다.

▎심장의 외형구조와 각종 혈관

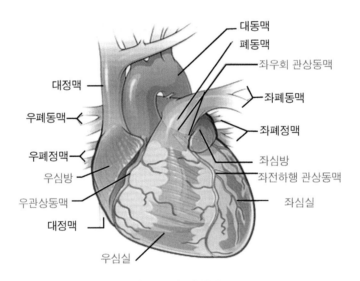

자료출처: 미국 국립 보건연구원 (National Heart Lung and Blood Institute, National Institutes of Health)

심장은 크게 우심방, 우심실, 좌심방, 그리고 좌심실, 총 네개의 공간으로 이루어져 있다. 심장에서 온몸과 허파에 혈액을 주고 받는 혈관들이 관찰된다. 심장 운동의 주요세포인 심근세포에 산소와 영

양분 공급은 우관상동맥, 좌우회 관상동맥, 좌전하행 관상동맥이
담당한다. 급성심근경색 발생은 이 혈관이 막혀 발생된다. 발생빈도
는 각각 30-40%, 15-20%, 그리고 40-50% 차지한다.

| 심장의 내형구조와 혈류흐름

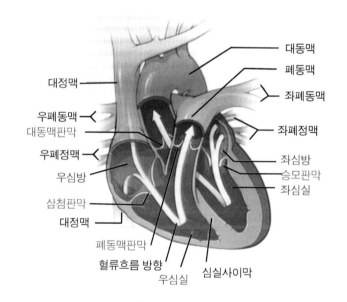

자료출처: 미국 국립 보건연구원 (National Heart Lung and
Blood Institute, National Institutes of Health)

   몸 전체를 거친 정맥피는 하얀 화살표 방향대로 대정맥을 통해
우심방, 우심실, 폐동맥, 허파, 폐정맥, 좌심방, 좌심실, 그리고 대동
맥을 통해 몸 전체에 보내진다. 대동막판막, 삼첨판막, 폐동맥판막,
그리고 승모판막은 혈액이 역류하는 것을 방지하는 역할을 한다.

1. 심장구조와 관상동맥

심장은 크게 우심방, 우심실, 좌심방, 좌심실이라는 네 개의 공간으로 이루어져 있다. 몸 전체를 거친 정맥피는 우심방에 집결하고 우심실을 지나 허파에 도착하여 신선한 산소를 공급받은 후, 좌심방에 온다. 이 피는 좌심실로 내려와 몸 전체에 보내진다.

심장은 매우 튼튼한 근육, 즉 심근 덩어리이다. 이것 없이 심장이 몸 전체 구석구석에 혈액을 공급한다는 것은 불가능하다. 심근이 강력하게 수축하면 좌심실에 있는 일정량의 혈액이 대동맥을 통해 방출되고, 심근이 이완되어 다시 수축하면 일정량의 혈액이 다시 방출된다. 이 과정이 반복되어 결국 몸 전체 구석구석에 혈액이 공급되는 것이다. 이때 우리는 맥박으로 심근 수축을 느낄 수 있다. 성인의 경우 1분에 60~70회 맥박이 뛴다. 하루 평균 10만 회. 평균 나이가 80세라 가정하였을 때 평생 약 30억 회 뛰게 되는 것이다. 엄청나다. 평생 동안 묵묵히 일하는 심근에 고마움을 느끼지 않을 수 없다.

이렇게 고마운 심근에 신선한 혈액을 공급하는 큰 혈관이 세 개 존재한다 우선 좌심실에 연결되어 있는 대동맥 부위에서 두 개의 관상동맥이 나온다. 우 관상동맥 그리고 좌 관상동맥이다. 후자는 다시 좌전하행 관상동맥 그리고 좌우회 관상동맥으로 갈라진다. 결국 이 3 개의 관상동맥은 심장을 휘감고 소혈관 가지를 만들어 심근 곳곳에 신선한 혈액을 공급한다.

급성심근경색은 좌전하행 관상동맥이 40~50%, 우 관상동맥은 30~40% 그리고 좌우회 관상동맥은 15~20%가 막혀 발생된다. 이 세 가지 관상동맥 모두 혈액을 방출하는 좌심실 심근 곳곳에 신선한 혈액을 공급하고 있기 때문에 급성심근경색 후유증은 대부분 좌심실 부전으로 야기된다.

▌급성심근경색 발병 예

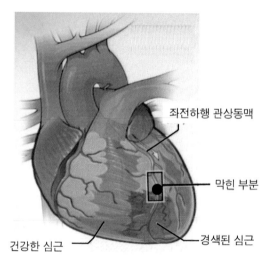

자료출처: 미국 국립 보건연구원 (National Heart Lung and Blood Institute, National Institutes of Health)

좌전하행 관상동맥이 막혀 심근이 경색되어 있음을 관찰할 수 있다. 급성심근경색을 제일 많이 유도하는 관상동맥이다. 건강한 심근에 비해 암적색을 띤다.

2. 심근세포와 주변조직

심근의 원활한 기능을 유지하기 위해서는 다음 세 가지가 필수이다. 첫째, 물론 심근세포이다. 심근세포는 수축과 이완을 수행하는 근섬유를 가지고 있다. 심근세포 사이에 서로 소통할 수 있는 교통반gap junction이라는 통로도 있어 심근세포 모두 동시에 수축 또는 이완을 유발하는 물질이 통과된다. 이로 인해 많은 심근세포로 이루어진 심근은 동시에 수축 또는 이완하여 혈액을 효과적으로 방출할 수 있다. 둘째, 심근에서 심근세포만 있고 또 그것만 중요하다고 생각한다면 큰 오산이다. 영화에서 조연 없는 주연은 없다. 심근세포의 조연은 심근세포 사이에 존재하여 심근 운동을 유연하게 하고 지지 역할도 하는 섬유성 단백질로 이루어진 섬유질이다. 이 섬유질은 심근세포와 함께 외적 스트레스에 견디고 심근세포의 부드러운 리듬 운동을 유도한다. 심근세포와 미세혈관의 간격을 유지하고 심근세포에 있는 근섬유의 골격을 유지하여 심근세포가 효과적으로 수축하고 이완하는 기능을 최대한 보장한다. 따라서 섬유질은 심근세포와 함께 심장 수축과 이완에 절대적으로 필요한 조직이다. 셋째, 추가 언급이 필요 없는 혈관이다.

이 세 가지가 모두 존재해야 비로소 심근의 원활한 기능이 유지된다. 만약 심근이 경색되어 죽었다고 하여 살아 있는 심근세포만 주입하고 치료효과를 기대한다면, 하나는 알고 둘은 모르는 우를 범하게 될 수 있다. 효과적인 세포치료를 위해 신생혈관 생성은 말할 것도 없고, 정상적인 심근구조 유지에 필요한 섬유질을 분비하는 세포도 포함되는 세포치료가 고려되어야 할 것으로 판단된다.

3. 급성심근경색 후 손상된 심장조직 리모델링

상당수의 경우 심장은 심근경색으로 죽은 심근세포의 수축/이완 기능 역할을 보상받으려는 방향으로 경색된 조직이 재정비되는 리모델링 과정을 겪게 된다. 하지만 일반적으로 리모델링은 손상된 심장기능을 더욱 악화시키는 방향으로 진행된다.

경색 후 심근 리모델링 과정을 간단하게 알아보자. 심근세포가 죽게 되면 처음 3일 이내에 면역세포인 호중구가 유입되어 단백분해효소를 분비한다. 이로 인해 심근세포를 지지해 주는 섬유질이 분해되고 결국 심근세포는 그 자리를 이탈하게 된다. 이로 인해 경색된 심실 벽은 더욱 얇아져 팽창하게 되고 스트레스를 많이 받게 되는 심실 벽은 고무풍선처럼 불룩하게 튀어나오기도 한다. 3일 이후부터 면역세포인 대식세포 등이 유입되고 경색 부위에 섬유화를 유도한다. 섬유화는 심근운동 유연성에 막대한 부정적 영향을 미친다. 또 심실은 계속 변형되어 결국 심근은 제대로 기능을 발휘할 수 없는 지경에 이르게 된다. 또 심근세포 사이의 소통 통로인 교통반이 단절되어 심근은 동시에 수축 또는 이완할 수 없게 되고, 이로 인해 심장박동이 불규칙해지는 부정맥이 발생된다. 최악의 경우 심장이 파열되어 급사하는 경우도 생긴다.

심근경색 진행과정

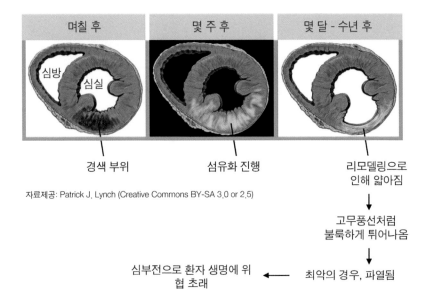

자료제공: Patrick J. Lynch (Creative Commons BY-SA 3.0 or 2.5)

관상동맥이 막혀 산소와 영양분 결핍으로 심근이 암적색으로 변한다. 몇 주 후, 염증반응으로 인해 섬유화가 진행되어 엷은 노란색을 띠게 된다. 그 이후, 죽은 심근세포의 기능손실을 보상받으려는 리모델링이 이루어진다. 일반적으로 더욱 악화되는 방향으로 진행된다. 심실벽은 더욱 얇아지고 고무풍선처럼 불룩 튀어나와 파열될 수 있다. 경색되지 않은 부위는 더욱 비대해진다. 적극적인 치료를 받지 않으면 결국 심부전으로 이어진다.

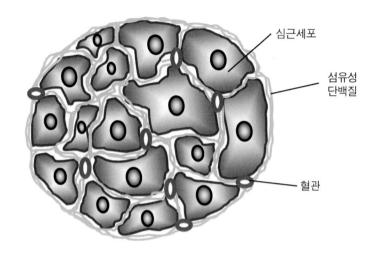

심근의 원활한 기능을 위해선 세가지가 필요하다. 첫째, 심근. 둘째, 심근을 보호하고 지지해 주며 심근운동을 유연하게 유지하여 주는 섬유성 단백질. 셋째, 산소와 영양분을 공급하는 혈관이다.

4. 급성심근경색과 간엽줄기세포

급성심근경색으로 인해 심근세포 손실, 심장기능에 악영향을 미치는 리모델링 과정, 심근의 섬유화 등이 유도되어 결국 심부전으로 이어질 수 있음을 보았다. 현재 적지 않은 치료방법이 개발되어 임상에 적용되었지만 부작용과 치료효과에 한계가 있어 왔다.

손상된 심근세포를 재생하기 위해 골수세포, 혈관내피 전구세포 또는 심근 전구세포 등 많은 종류의 세포가 손상된 심근조직에 투여되었지만 대부분 생착하는 데 실패하였다. 심지어 투여된 세포가 심근세포로 분화되는 경우는 매우 적었다. 간엽줄기세포의 경우도 마찬가지이다. 심근세포로 분화되는 경우는 매우 적었다. 그러나 투여 후 장기기능에 악영향을 미치는 리모델링 억제, 신생혈관 생성 그리고 조직 재생에 상당한 효과를 관찰하였고, 연구진은 후속 연구를 통하여 간엽줄기세포가 분비하는 많은 생리제어 인자에 의해 그 효과를 얻을 수 있음을 관찰하였다.

상당히 많은 연구결과를 요약하면 첫째, 간엽줄기세포 자체가 분화되어 심근세포가 되는 경우는 그리 많지 않다. 그러나 많은 생리제어 인자를 분비하여 둘째, 세포자멸사로 죽어가는 심근세포를 살려 경색 부위를 줄여 준다. 셋째, 신생혈관을 형성한다. 넷째, 좋은 방향으로 리모델링을 유도하여 심부전 발생을 억제한다. 마지막으로 심근 전구세포를 유도하고 활성화하여 심근세포를 만들어 심근이 재생된다. 이렇게 많은 고무적인 연구결과를 토대로, 현재 전 세계 여러 곳에서 인간 임상실험이 진행되고 있다. 경색 정도, 경과, 부위에 따라 그리고 간엽줄기세포 투여량, 투여방법, 투여횟수에 따라 간엽줄기세포 치료 효과는 천차만별이라 예측된다. 특히 경색된 부위에 심근이 재생된다 하더라도 원활한 심장기능을 유도하기 위해 인근 심근 조직과 함께 조화로운 수축 및 이완 운동이 필수적이다. 이러한 목표에 도달하고 만족스러운 치료효과를 얻기 위해서는 추가 연구가 필요하다는 것이 학계의 중론이다. 머지않아 간엽줄기세포를 포함한 각종 세포치료로 급성심근경색 후유증을 효과적으로 치료할 수 있는 날이 곧 오리라 기대한다.

┃ 급성심근경색 발병과정

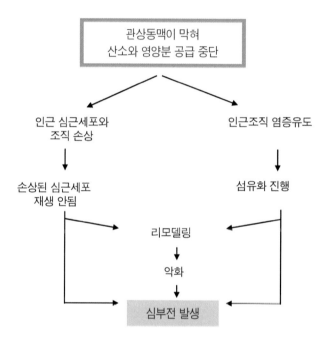

급성심근경색이 발생되면 심근세포가 손상되어 죽고, 염증으로 인한 섬유화가 진행된다. 손상된 심근세포는 재생되지 않는다. 손상된 심근세포의 기능을 보상하기 위해 리모델링이 이루어지는데 대부분 더욱 악화하는 방향으로 진행되어 결국 심부전으로 이어진다.

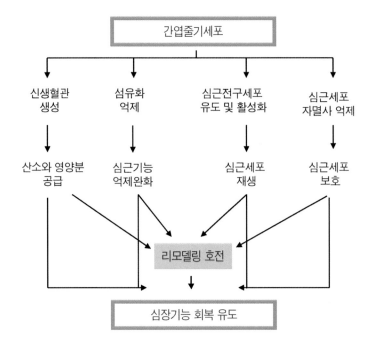

투여된 간엽줄기세포는 심근세포로 거의 분화되지 않는다. 그러나 많은 인자가 분비되어 새로운 혈관을 만들고 염증을 억제하여 섬유화 억제로 이어진다. 심근전구세포를 유인하여 활성화시키고 손상된 심근세포 자멸사를 억제한다. 이 모든 작용은 리모델링을 호전하고 심장기능 회복으로 이어진다.

1) 심장은 신선한 산소와 영양분을 함유한 혈액을 몸 전체에 공급
해 주는 근육 덩어리이다. 심근은 1분에 60~70 회 수축한다. 하
루 평균 10만 회. 평균 나이가 80세라 가정하였을 때, 평생 약
30억 회 뛰게 된다.

2) 심장 심근에 신선한 혈액을 공급하는 혈관이 세 개 존재한다. 심
장에서 발원하는 대동맥 부위에서 2개의 관상동맥이 나온다. 우
관상동맥 그리고 좌 관상동맥. 후자는 다시 좌전하행 관상동맥
그리고 좌우회 관상동맥으로 갈라진다. 결국 이 3개의 관상동맥
은 소혈관 가지를 만들어 심근 곳곳에 신선한 혈액을 공급한다.

3) 급성심근경색은 좌전하행 관상동맥이 40~50%, 우 관상동맥은
30~40% 그리고 좌우회 관상동맥은 15~20%가 막혀 발생된다.
모든 관상동맥은 혈액을 방출하는 좌심실 심근 곳곳에 혈액을
공급하고 있기 때문에 급성심근경색 후유증은 대부분 좌심실
부전으로 야기된다.

4) 심근의 원활한 기능을 유지하기 위해서는 다음 세 가지가 필수
이다. 첫째는 심근세포. 둘째는 심근세포 사이에 존재하여 심근
운동을 유연하게 하고 지지 역할을 하는 섬유질. 셋째는 혈관.
이 세 가지 모두 존재하여야 비로소 심근의 원활한 기능이 유

지될 수 있다.

5) 손상된 심장은 죽은 심근세포 기능을 보상받는 방향으로 심근 조직이 재정비되는 리모델링 과정을 겪지만, 상당수가 손상된 심장기능을 더욱 악화시키는 방향으로 진행된다.

6) 손상된 심근세포를 재생하기 위해 간엽줄기세포를 이용한 세포 치료가 연구되었다. 리모델링 억제, 신생혈관 생성 그리고 조직 재생에 상당한 효과를 관찰하였다. 상당히 많은 연구결과를 요약하면 첫째, 간엽줄기세포 자체가 분화되어 심근세포가 되는 경우는 그리 많지 않다. 그러나 많은 생리제어 인자를 분비하여 둘째, 죽어가는 심근세포를 살려 경색 부위를 줄여준다. 셋째, 신생혈관을 형성한다. 넷째, 좋은 방향으로 리모델링을 유도하여 심부전 발생을 억제한다. 마지막으로 인근에 존재하는 심근 전구세포를 유인하고 활성화하여 심근세포를 만들어 심근을 재생한다.

7) 많은 연구결과를 토대로, 현재 다수의 인간임상실험이 전 세계적으로 진행되고 있다. 경색 정도, 경과, 부위에 따라 그리고 간엽줄기세포 투여량, 투여방법, 투여횟수에 따라 간엽줄기세포 치료효과는 천차만별이라 예측한다. 이러한 이유로 만족스러운 치료효과를 얻기 위해서 추가 연구가 필요하다는 것이 학계의 중론이다.

STEP 09 | 척수손상과 간엽줄기세포

미국 영화 「슈퍼맨」의 주인공인 배우 고 크리스토퍼 리브는 낙마사고로 척수가 손상되어 전신이 마비되는 불운을 겪었고, 우리나라에서도 수년 전에 한 유명 연예인이 교통사고로 척수손상을 당해 몸의 일부가 마비되는 불운을 겪었다.

뇌는 온몸을 통제한다. 통제방법은 무선이 아닌 유선을 이용한다. 신경세포가 그 유선 역할을 한다. 척수는 약 2,000만 가닥의 유선이 오르내리는 신경세포 다발이다. 만약 척수가 손상되면 유선인 신경세포도 손상되어 뇌의 지시사항을 온몸으로 전달하지 못한다. 마비가 온다. 이 장에서는 척수에 대해 알아보자.

1. 척수를 이루는 세포

바느질할 때 실수로 손가락이 찔리는 경우가 종종 있다. 찔리는 순간 아픔을 느끼고 찔린 손가락은 바늘로부터 순식간에 움츠리게 된다. 이때 신경은 외부 자극에 대해 재빨리 감지하여 뇌에 그 정보를 보낸다. 뇌는 아픔을 느끼고 동시에 위험하다고 스스로 판단하여 바늘을 잠시 내려놓으라는 신호를 근육에 보낸다. 신호를 접수받은 근육은 뇌의 지시에 따라 움직이고 결국 바늘로부터 추가손상이 방지된다.

우리 몸에서 이러한 일을 담당하는 기관이 신경계이다. 신경계는 크게 두 가지로 나눈다. 뇌와 척수를 포함하는 중추신경 그리고 피부나 근육 등에 분포되어 있는 감각 그리고 운동 말초신경 등이 있다. 뇌와 척수는 사실상 한 몸통이나 마찬가지이고 단단한 뼈, 즉 두개골과 척추뼈로 보호받고 있다. 이때 말초신경은 척추뼈 사이의 틈을 이용하여 중간다리 역할을 하는 척수에 연결되어 결국 뇌로부터 모든 정보를 주고받는다.

말초신경, 척수 그리고 뇌를 이루는 세포는 크게 세 가지로 나눈다. 그중 가장 중요한 세포는 신경세포이며, 신경세포의 모든 것을 통제하는 세포체, 약한 전기로 이루어진 신경신호를 접수하는 가지돌기dendrite 그리고 신경신호를 그다음 신경세포로 전달하는 축삭axon이 존재한다. 이때 축삭은 전선이나 마찬가지이다. 전선의 경우 누전을 방지하기 위해 피복되어 있다. 신경신호를 전달하는 축삭 역시 수초myelin라고 하는 피복물질로 싸여 있으며 희소돌기아교세포oligodendrocyte가 그것을 제공한다. 만약 수초가 손상받아 벗겨진다면 신경신호가 제대로 전달되지 않아 많은 문제가 발생된다. 마지막으로 이 두 종류의 세포에 영양분을 제공하고 지지

대 역할을 하는 별아교세포astrocyte가 존재한다.

▌신경계 주요 세포

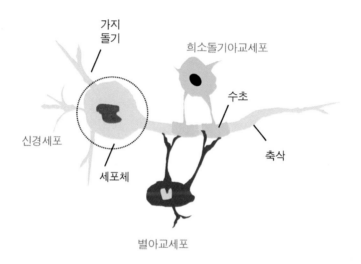

가지
돌기

희소돌기아교세포

수초

신경세포

세포체

축삭

별아교세포

신경계를 이루는 가장 중요한 세포는 신경세포이며, 신경세포의 모든 것을 통제하는 세포체, 약한 전기로 이루어진 신경신호를 접수받는 가지돌기, 그리고 신경신호를 그 다음 신경세포로 전달하는 축삭이 존재한다. 이 때 축삭은 전선이나 마찬가지이다. 전선의 경우 누전을 방지하기 위해 피복되어 있다. 신경신호를 전달하는 축삭 역시 수초라고 하는 피복물질로 싸여져 있으며 희소돌기아교세포가 그것을 제공한다. 그리고 이 두 종류의 세포에 영양분을 제공하고 지지대 역할을 하는 별아교세포가 존재한다.

2. 척수 구조

만약 제주도에 긴급안보 상황이 발생하였다고 상상해 보자. 긴급안보 상황의 심각성에 따라 제주시청은 자체 해결 또는 긴급비상 전화망을 통해 중앙정부에 도움을 요청할 것이다. 중앙정부는 통보를 받고 안보회의를 거친 후 재빨리 긴급 비상 전화망을 통해 대처 방법을 지시할 것이다. 동해안 최북단에 있는 고성에서 똑같은 상황이 벌어지더라도 중앙정부에서는 고성에 연결되어 있는 긴급비상 전화망을 통해 상황을 접수받고, 대처 방법을 지시할 것이다. 이처럼 각 지방마다 고유의 긴급전화망이 구축되어 있어 중앙정부와의 소통을 신속하게 할 수 있고, 그로 인해 지방간의 혼돈을 방지하여 긴급안보 상황을 효과적으로 대처할 것이다.

우리 신경계도 마찬가지이다. 왼쪽 손가락 끝에 바늘이 찔렸다고 가정하자. 이때 왼쪽 손가락 끝에 존재하는 감각 말초신경은 그 정보를 자기만 이용하는 전용 상행 척수 신경세포를 통해 뇌에 정보를 올려 보낸다. 그 정보를 토대로 뇌가 결정한 사항은 왼쪽 손가락 운동을 통제하는 운동 말초신경의 전용 하행 척수 신경세포로 그 신호를 내려 보내게 된다. 따라서 이러한 '전용도로; 연결 구조 때문에 뇌는 몸 구석구석을 각기 따로따로 통제할 수 있다.

몸 전체에 분포되어 있는 많은 감각 및 운동 말초신경은 각각 자기 고유의 상행 및 하행 척수 신경세포에 연결되어 뇌의 통제를 받고 있음을 알았다. 따라서 척수는 개개의 신경신호를 양쪽으로 전달하는 엄청나게 많은 전선 다발로 이루어져 있다고 해도 과언이 아니다. 약 2,000만 가닥이 오르내리는 것으로 알려져 있다. 엄청나게 많다. 인간 척수의 길이는 대략 43센티미터 정도. 직경은 약 1센티미터. 몸 전체에 분포되어 있는 말초신경은 31쌍의 다발로 척추뼈 사이의 공간을 통해 척수 아래부터 위쪽까지 양쪽으로 질서정연하게 연결되어 있다. 뇌에 가까운 척수는 양쪽 팔, 양쪽 다리, 배 그리고 등 전체를 통제하는 신경정보 전달 전선이 지나가고 있기 때문에 굵기가 상대적으로 클 것이고, 그 반대로 척수 끝은 하지 방향을 통제하는 신경정보 전달 전선이 지나가고 있기 때문에 굵기가 상대적으로 작을 것이다.

┃척수 구조

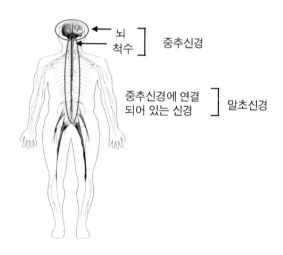

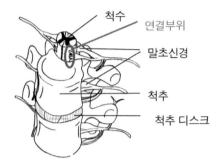

신경계는 크게 두 가지로 나뉜다. 뇌와 척수를 포함하는 중추신경 그리고 피부나 근육 등에 분포되어 있는 감각 그리고 운동 말초신경 등이다. 뇌와 척수는 사실상 한 몸통이나 마찬가지이고 단단한 뼈, 즉 두개골과 척추뼈로 보호받고 있다. 척수는 몸 전체에 분포되어 있는 말초신경을 뇌로 연결하는 중간다리 역할을 한다. 인간 척수의 길이는 대략 43 센티미터 정도. 직경은 약 1 센티미터. 말초신경은 31쌍의 다발로 척추뼈 사이의 공간을 통해 척수 아래부터 위쪽까지 양쪽으로 질서정연하게 연결되어 있다.

❙ 간단한 말초-척수-뇌 신경 경로

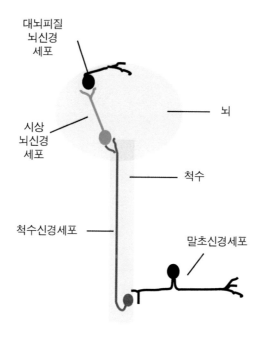

대뇌피질
뇌신경
세포

뇌

시상
뇌신경
세포

척수

척수신경세포

말초신경세포

　몸 전체에 분포되어 있는 감각 및 운동 말초신경은 일반적으로 각각 자기 고유의 상행 및 하행 척수 신경세포에 연결되어 뇌의 통제를 받는다. 따라서 척수는 개개의 신경신호를 양쪽으로 전달하는 엄청나게 많은 전선 다발로 이루어져 있다. 척수에는 약 2000만 가닥의 축삭이 오르내리고 있는 것으로 알려져 있다. 이 그림은 상행 척수 신경세포가 말초신경세포로부터 정보를 받아 뇌 신경세포로 전달하는 과정을 간단하게 묘사한 것이다. 척수 신경세포의 축삭이 위로 길게 뻗어 있음을 볼 수 있다. 전기가 지나가는 기나긴 전선을 연상하게 한다.

3. 척수손상

척수 손상의 약 70%는 외상에 의해 발생되고, 그중 약 50%는 교통사고에 의해 발생된다. 산업재해, 운동 등이 그 뒤를 잇고 있다. 척수는 척추뼈의 보호로 인해 잘 보존되어 있으나 자동차 사고 등으로 인해 강한 외부 충격을 받는다면 척추뼈가 손상될 수 있고, 결국 인근 척수가 손상 받게 된다. 손상 정도는 척수가 살짝 찌그러들어 미미할 수 있지만 심한 경우 대부분 손상되는 결과를 초래하게 된다. 만약 목 부위의 척수가 손상되면 최악의 경우 사지가 마비될 수 있고, 꼬리 쪽의 척수가 손상되면 하지가 마비될 수 있다. 손상된 척수 부위를 통과하는 전선이 어느 곳으로 연결되어 있는가에 따라 증상은 천차만별이다.

| 척수 손상

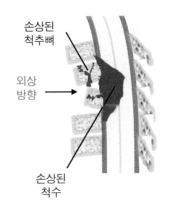

척수는 척추뼈의 보호로 인해 잘 보존되어 있으나 자동차 사고로 인해 강한 외부 충격을 받는다면 척추뼈가 손상될 수 있고, 인근 척수가 손상받게 된다. 척수 손상의 약 70%는 외상에 의해 발생되고, 그 중 약 50%는 교통사고이다. 산업재해, 운동 등이 그 뒤를 잇고 있다. 손상정도는 척수가 살짝 찌그러들어 미미할 수 있지만 심한 경우 상당 부분이 손상받아 돌이킬 수 없는 결과를 초래하게 된다.

4. 척수손상 후 이차적 손상 발생

척수를 이루는 신경세포는 직접적으로 손상 받는 즉시 수분 내에 괴사하게 되며 또는 신경세포의 축삭이 끊어지거나 축삭의 피복제인 수초가 파괴될 수 있다. 이차적 손상으로 영양분과 산소를 공급하는 신경 혈관이 손상되면 설령 손상을 받지 않았다 할지라도 인근 신경세포, 희소돌기아교세포 또는 별아교세포 역시 죽게 된다. 한편, 손상된 부위에 많은 생화학적 변화가 생기고 이로 인해 멀쩡한 신경세포나 희소돌기아교세포가 죽기도 한다. 이차적 손상으로 인해 손상 부위가 더욱 넓어지고, 그 결과 손상된 척수 부위에 큰 공간이 형성된다. 더욱 상황을 악화시키는 요인은 이 공간 주위에 별아교세포가 활성화되어 섬유화의 일종인 신경아교상흔glial scar이 형성된다.

공간과 신경아교상흔은 축삭 재생을 방해하는 것으로 알려져 있다. 따라서 초기 손상이 미미하다 할지라도 이차적 손상을 효과적으로 억제하지 못한다면 공간과 신경아교상흔 형성으로 인해 감각과 운동 기능에 더 큰 손상이 따른다. 척수손상 초기치료는 주로 공간과 신경아교상흔 형성 억제 방향으로 이루어진다.

┃척수 손상 후 이차적 손상 발생

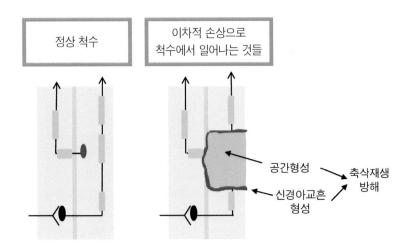

척수가 손상을 받는 경우, 정도에 따라 신경세포의 축삭이 끊어지거나 축삭의 피복제인 수초가 파괴될 수 있다. 척수를 이루는 신경세포는 직접적으로 손상 받는 즉시 수분 내에 괴사하게 되며, 이에 대한 이차적 손상으로 영양분과 산소를 공급하는 신경 혈관이 손상되면 설령 손상을 받지 않았다 할지라도 인근 신경세포, 희소돌기아교세포 또는 별아교세포 역시 죽게 된다. 한편, 손상된 부위

에 많은 생화학적 변화가 생기고 이로 인해 멀쩡한 신경세포나 희소돌기아교세포가 죽기도 한다. 이러한 이차적 손상으로 인해 손상 부위가 더욱 넓어지고, 그 결과 손상된 척수 부위에 큰 공간이 형성된다. 더욱 상황을 악화시키는 요인은 이 공간 주위에 별아교세포가 활성화되어 섬유화 일종인 신경아교상흔이 형성된다. 공간과 신경아교상흔은 축삭 재생을 방해하는 것으로 알려져 있다. 따라서 초기 손상이 미미하다 할지라도, 이차적 손상을 효과적으로 억제하지 못한다면, 공간과 신경아교상흔 형성으로 인해 감각과 운동 기능에 더 큰 손상이 따른다.

5. 척수손상 후 재생이 어려운 이유

손상에 의해 일단 전선 격인 축삭이 끊어지면 재생되기 매우 어렵다. 그 이유는 여러 가지가 있다. 그 이유를 알아보기 위해 신경세포 발생 초기의 경우를 알아보자. 신경세포 전단계인 신경전구세포 주위에 존재하는 많은 세포에서 신경전구세포 증식인자, 신경세포 분화인자 그리고 신경세포 축삭 유도인자가 분비되어 신경전구세포는 증식되고 신경세포로 분화된다. 그리고 분화된 신경세포 축삭은 올바른 목적지를 향해 뻗어 나가게 된다. 즉, 올바르게 축삭유도axonal guidance가 이루어진다. 그러나 성인이 된 경우, 이러한 인자들은 거의 분비되지 않는다. 특히 신경세포 축삭 유도인자의 결핍으로 설령 신경세포가 존재한다 할지라도 축삭은 올바른 목적지에 도달하지 못하게 된다. 만약 재생되는 축삭이 올바른 목적지에 도달하지 못하면 무엇이 발생될까? 예를 들어 왼쪽 손가락 운동을 통제하는 하행 척수 신경세포 축삭과 오른쪽 손가락 운동을 통제하는 하행 척수 신경세포 축삭과 그 중간에서 엇갈려 연결되었다고 가정하자. 또 왼쪽 손가락 통증을 느끼게 하는 상행 척수 신경세포 축삭과 오른쪽 손가락 통증을 느끼게 하는 상행 척수 신경세포 축삭과 그 중간에서 엇갈려 연결되었다고 가정하자. 그 결과는 굳이 설명하지 않더라도 독자가 알아차릴 것이다. 이러한 돌발상황을 고려하지 않고 신경세포를 무조건 투여하여 척수손상을 치료하려 한다면 예기치 않은 문제가 발생될 가능성을 배제할 수 없다.

지금까지 재생을 올바르게 촉진하는 인자의 결핍에 대해 토론하였다. 그러나 재생을 억제하는 인자도 존재한다. 수초가 분비하는 노고-에이nogo-A 같은 인자, 척수손상으로 활성화된 별아교세포가 분비하는 콘드로이틴 황산염 단백당chondroitin sulphate proteoglycan 등은 축삭재생을 억제한다. 결국 재생을 촉진하는 인자 결핍과 동시에 재생을 억제하는 인자의 존재로 인해 척수손상 후 축삭재생은 더욱 어려워지는 것으로 알려져 있다.

앞으로 만성 척수손상 재생 연구는 재생촉진 인자, 특히 축삭유도 인자 제공과 재생억제 인자 제거 방향으로도 이루어질 것이라 판단된다.

6. 척수손상 치료

　전선이나 전화선 다발이 끊어지면 하나하나 올바르게 이어 복구하면 된다. 도롱뇽이나 북미에 서식하는 주머니쥐는 그와 비슷한 자연복구 능력을 가지고 있다. 그러나 인간 척수의 경우, 끊어진 신경 다발과 그것을 이루는 가닥이 하나하나 올바르게 이어져 자연복구되는 능력은 없다. 따라서 척수손상 후, 이차적 손상만이라도 최대한 막는 방향으로 치료하게 된다. 그 이후 손상 정도에 따라 재활운동을 통해 어느 정도 복구할 수 있다. 하지만 척수가 완전히 손상된 경우 재활운동도 거의 효과가 없는 것으로 알려져 있다.

▎척수손상과정

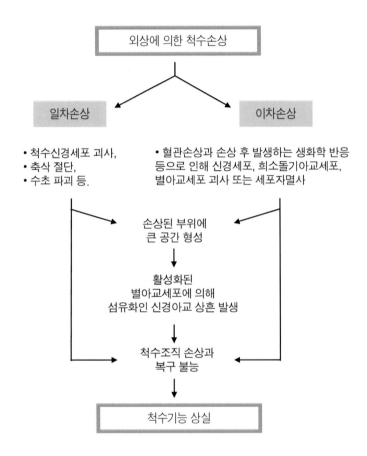

외상에 의해 척수조직이 손상되고 복구가 되지 않아 결국 척수기능의 상실로 이어진다

재활운동의 제한적 효과 이외에는 척수 손상을 효과적으로 치료하는 방법은 아직 존재하지 않는다. 이로 인해 척수 손상 환자와 가족의 고통은 이루 말할 수 없고, 막대한 의료비 지출로 인해 국가와 환자의 경제적 손실 역시 매우 큰 것으로 알려져 있다.

최근 척수 손상 치료 한계를 극복하기 위하여 신경줄기세포, 골수세포 또는 간엽줄기세포를 이용한 세포치료를 시도하였다. 대부분 척수손상 초기에 투여하였을 경우 효과가 있을 수 있다는 동물 실험 결과가 적지 않게 발표되었다. 간엽줄기세포의 경우 첫째, 강력한 면역억제 기능으로 인해 초기 염증반응을 억제하여 공간 형성을 줄이고 별아교세포 활성화를 억제하여 신경아교상흔 형성을 막을 수 있다는 연구결과가 존재한다. 그러나 척수손상에 있어서 초기 염증반응은 척수 손상 치유에 긍정적 효과가 있을 수 있다고 믿기 때문에 간엽줄기세포의 면역억제 기능이 척수 손상 치료에 더 많은 효과를 줄 것인가에 대해 추가 연구가 필요하다고 학계는 판단하고 있다. 둘째, 간엽줄기세포는 많은 신경 성장인자를 분비하기 때문에 신경재생을 유도할 수 있다는 연구결과가 있다. 셋째, 간엽줄기세포는 유사 축삭유도 물질을 분비하여 재생되는 축삭이 올바른 목적지에 도착할 수 있다는 연구결과도 보고되고 있다. 넷째, 단백분해효소를 만들어 척수 손상으로 활성화된 별아교세포가 분비하는 축삭재생 억제인자인 콘드로이틴 황산염 단백당을 분해한다.

2009년 팔Pal 등은 간엽줄기세포를 이용한 척수손상 제1상 인간 임상실험 결과를 발표하였다(Cytotherapy. 11권, 897~911쪽). 손상이 매우 심한 30명의 척수 손상 환자에게 몸무게 1킬로그램당 100만 개의 간엽줄기세포를 투여하였다. 2년까지 추적조사 한 결과 부작용은 관찰되지 않았으며, 간엽줄기세포 투여 효과도 밝혀지지 않았다.

만성 척수 손상을 가진 환자에 분화되지 않은 간엽줄기세포를 투여하였을 때, 신경세포로 분화되어 끊어진 신경을 올바르게 이어주고, 이로 인해 만족할 만한 효과를 보았다는 결과는 아직 존재하지 않는다. 앞으로 다방면의 척수재생 연구를 통해 효과적으로 척수 손상을 치료할 수 있는 날이 반드시 오리라 기대한다.

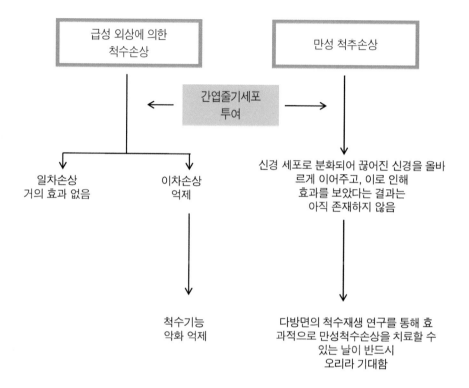

1) 신경계는 뇌와 척수를 포함하는 중추신경 그리고 근육이나 피부 등에 분포되어 있는 감각 그리고 운동 말초신경 등이 있다. 중간다리 역할을 하는 척수는 뇌와 말초신경으로부터 모든 정보를 주고받는다.

2) 말초신경, 척수 그리고 뇌를 이루는 주요 세포는 신경세포이며, 신경세포 전체를 통제하는 세포체, 인근 신경세포로부터 약한 전기로 이루어진 신경신호를 접수하는 가지돌기 그리고 신경신호를 다음 신경세포로 전달하는 축삭으로 이루어져 있다. 축삭은 수초라는 피복 물질로 싸여 있다. 수초는 희소돌기아교세포가 제공한다. 이 두 종류의 세포에 영양분을 제공하고 지지대 역할을 하는 별아교세포가 존재한다.

3) 몸 전체에 분포되어 있는 많은 감각 및 운동 말초신경은 각각 자기 고유의 전용 상행 및 하행 척수 신경세포에 연결되어 뇌의 통제를 받는다. 이 '전용도로' 연결구조로 인해 뇌는 몸 구석구석을 각기 따로 따로 통제할 수 있다. 몸 전체에 분포한 말초신경은 총 31쌍의 신경다발로 이루어져 척수 아래부터 위쪽까지 양쪽으로 질서정연하게 연결되어 있다.

4) 척수 손상의 약 70%는 외상에 의해 발생된다. 척수 신경세포는 손상 받는 즉시 수분 내에 괴사하게 된다. 또는 신경세포의 축삭이 끊어지거나 축삭의 수초가 파괴된다. 이차적 손상으로 더 많은 세포가 죽을 수 있고, 이로 인해 손상 부위가 더욱 넓어져 큰 공간이 형성되며, 이 공간 주위에 별아교세포가 활성화되어 섬유화인 신경아교상흔이 형성된다. 결국 공간과 신경아교상흔에 의해 재생될 축삭은 목적지에 도달하지 못해 재생에 실패하게 된다.

5) 초기 척수손상치료는 주로 이차적 손상을 억제하는 방향으로 치료된다. 치료 후, 재활운동으로 손상 정도에 따라 제한적 효과를 볼 수 있다고 알려져 있다.

6) 신경세포 발생 초기에 신경전구세포는 신경전구세포 증식인자, 신경세포 분화인자 그리고 신경세포 축삭 유도인자에 의해 증식되고 신경세포로 분화되며 올바른 목적지를 향해 분화된 신경세포 축삭은 뻗어나가게 된다. 성인이 된 경우, 이러한 인자들은 거의 분비되지 않는다. 한편, 수초가 분비하는 노고-에이인자, 척수손상으로 활성화된 별아교세포가 분비하는 콘드로이틴 황산염 단백당 등은 축삭재생을 억제한다. 결국 재생을 촉진하는 인자 결핍과 재생을 억제하는 인자의 존재로 인해 척수손상 후 재생은 더욱 어려워진다.

7) 최근 척수 손상 치료 한계를 극복하기 위하여 간엽줄기세포를 이용한 세포치료를 시도하고 있다. 초기의 척수 손상을 치료하기 위해 세포를 실험동물에 투여하였을 경우, 치료효과가 어느 정도 있다는 결과가 적지 않게 발표되었다. 첫째, 여러 신경 성장인자를 분비하여 신경재생을 유도할 가능성이 있다. 둘째, 유사 축삭유도 물질을 분비하여 재생되는 축삭의 올바른 목적지 도착을 유도할 가능성이 있다. 셋째, 단백분해효소를 분비하여 축삭재생 억제인자를 분해한다.

8) 현재까지 인간 만성 척수손상 치료에 간엽줄기세포가 효과적이라는 연구결과는 아직 보고된 것이 없는 것으로 판단된다.

STEP 10 | 뇌졸중과 간엽줄기세포

　신체의 근육운동, 장기운동, 감각, 감정, 기억 등을 포함한 모든 요소를 제어하고 통제하는 장소는 뇌이다. 이러한 뇌 기능을 담당하는 가장 중요한 세포는 뇌신경세포이며 혈관을 통해 산소와 주 에너지원인 포도당과 같은 영양분을 공급받으며 원활하게 그 기능을 수행한다. 만약 고혈압, 심장질환, 당뇨, 고지혈증, 흡연, 스트레스 등으로 인해 뇌혈관이 손상되면 혈관이 막히거나 또는 파열되어 뇌경색이나 뇌출혈로 이어져 뇌가 손상된다. 손상 부위의 신경세포는 산소결핍으로 인한 질식과 영양분 결핍으로 인해 죽게 되고 손상 받은 뇌의 기능은 졸지에 중단된 상태가 유지되며, 뇌졸증의 올바른 표현인 뇌졸중이 발생된다. 증상으로는 뇌 손상 부위에 따라 천차만별이다. 감각소실이나 감각이상, 두통과 구토, 어지럼증, 언어장애 등이 유발되며, 반신불수, 기억상실로 인한 치매, 더 심하면 혼수상태 또는 사망에 이를 수 있다.

　경제협력개발기구OECD 통계에 의하면 우리나라의 경우 뇌졸중으로 인한 사망률은 2007년 기준으로 10만 명당 평균 95.8명이며 다른 OECD 국가의 그것과 비교했을 때 매우 높은 수치이다. 뇌졸중은 악성종양과 심장질환을 포함해 우리나라 성인의 주요 사망원인 중 하나로 알려진 매우 심각한 질환이다.

1. 뇌와 뇌신경세포

뇌는 육안적으로 크게 대뇌, 소뇌, 간뇌 그리고 뇌간으로 구분된다. 그들은 다시 여러 소단위로 나누어지며 전체적인 뇌 기능의 일부를 담당하고 서로의 긴밀한 소통을 통해 조화로운 뇌 기능을 유지한다. 운동과 감각 기능은 일반적으로 대뇌피질에서 담당하고, 기쁨, 슬픔, 식욕 그리고 기억 등은 간뇌, 고난도의 조율을 요구하는 운동 등은 소뇌 그리고 호흡운동을 제어하는 곳은 뇌간이다. 뇌는 이 이외에도 수많은 기능을 하고 있다.

한 서커스 단원이 공중에 연결되어 있는 외줄에서 자전거를 타는 묘기를 보여준다고 하자. 이 서커스 단원은 그 묘기를 보여주기 위해 운동을 담당하는 뇌의 대뇌피질을 이용할 것이고, 넘어지지 않으려면 고난도의 운동조율이 필요하기 때문에 소뇌도 사용할 것이다. 동시에 숨도 쉬어야 하기 때문에 호흡중추가 있는 뇌간도 이용할 것이다. 결국 서커스 단원은 관련된 뇌 부위의 통제에 의해 아슬아슬하게 공중 외줄에서 떨어지지 않고 성공적으로 묘기를 보여주고, 그로 인해 관객에게 많은 박수갈채를 받을 것이다. 이때 서커스 단원은 감정을 제어하는 간뇌의 기능이 활성화되어 자신이 행한 묘기에 대해 매우 만족스러워할 것이다.

뇌가 어떻게 서커스 단원의 일거수일투족 행위를 모두 제어할 수 있을까? 이 문제에 대한 답을 얻기 위해 우선 뇌를 이루는 가장 기본 단위인 세포, 즉 뇌신경세포에 대해 알아보자. 제9장에서 다룬 바와 같이 척수신경세포와 마찬가지로 뇌신경세포도 세포체, 축삭 그리고 돌기로 구성되어 있다. 세포체는 뇌신경세포가 기능을 하기 위해 필요한 모든 것을 제공하고, 돌기는 인근 뇌신경세포의 축삭과 연접 또는 시냅스를 이루어 정보를 접수받는 장소이다. 축삭은 인근 뇌신경세포의 돌기와 시냅스하여 받은 정보를 전달하는 장소이다.

┃ 뇌의 육안적 구분

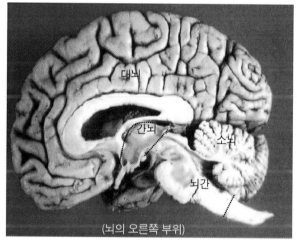

자료출처: 미국 루이지에나 주립대학교 (John A Beal, Louisiana State University; Creative Commons Attribution license)

뇌는 육안적으로 대뇌, 소뇌, 간뇌, 그리고 뇌간으로 구분된다. 운동과 감각 기능은 일반적으로 대뇌피질에서 담당하고, 기쁨, 슬픔, 식욕, 그리고 기억 등은 간뇌, 고난도의 조율을 요구하는 운동 등은 소뇌, 그리고 호흡운동을 제어하는 곳은 뇌간이다. 뇌는 이 이외에도 매우 많은 기능을 한다.

▎신경세포 간의 시냅스형성과 신경정보 전달

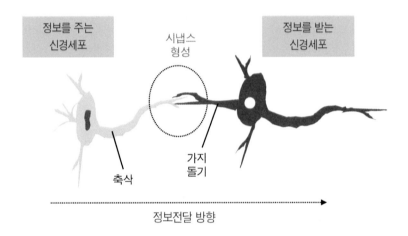

정보를 주는
신경세포

시냅스
형성

정보를 받는
신경세포

가지
돌기

축삭

정보전달 방향

말초에 존재하는 신경세포는 뇌로 뛰어가서 정보를 제공할 수는 없다. 제9장에서 다룬 바와 같이 말초신경세포는 척수 신경세포에 정보를 전달하고 척수 신경세포는 뇌에 있는 신경세포에 그 정보를 전달한다 이때 신경세포 끼리 연결되어야 정보 전달이 원활히 이루어질 수 있다. 이 연결부위를 시냅스라고 한다. 정보가 전달될 때 시냅스에서 많은 생화학 반응이 일어나 정보가 그 다음 신경세포로 전달된다. 시냅스가 이루어지지 않은 신경세포는 정보전달 기능에 참여하지 못하므로 많이 존재한다 할지라도 무용지물이다. 시냅스를 하지 않은 신경세포는 전화선이 없는 유선전화기나 마찬가지이다.

2. 시냅스: 뇌신경세포가 서로 접하여 정보를 주고받는 지점

시냅스 형성에 대해 좀 더 자세히 알아보자. 척수신경세포와 마찬가지로 뇌신경세포도 홀로 뇌 기능 발휘에 사용되지 않는다. 항상 인근 뇌신경세포 또는 다른 부위의 뇌신경세포와 시냅스하여 뇌 기능 발휘에 사용된다. 이때, 뇌신경세포 사이의 시냅스 형성은 저절로 이루어지는 것은 아니다. 많은 노력에 의해 시냅스가 형성된다. 한 예를 들어 보자. 세계를 감탄케 하는 피겨여왕 김연아 선수의 '트리플 악셀' 점프에 대해 알아보자. 왼발을 이용해 전진하다가 점프하여 공중에서 3회전하고 오른발을 이용하여 착지하는 고난도의 동작이다. 물론 하나하나의 동작과정이 완벽하고 아름다워야 할 것이다. 김연아 선수는 이렇게 완벽한 '트리플 악셀'을 보여주기 위해 얼마나 많은 연습을 하였을까? 이런 연습과정에서 운동을 담당하는 대뇌피질의 뇌신경세포는 서로 시냅스가 형성되고, 유연한 동작을 유도하기 위해 소뇌에 존재하는 많은 뇌신경세포와 시냅스하였을 것이다. 결국 많은 노력을 통해 뇌의 여러 부위에 존재하는 뇌신경세포는 서로 시냅스를 이루어 연결되고, 결국 '트리플 악셀' 동작을 제어하는 신경회로가 구축되고 기억되는 것이다. 이것은 도시

간의 고속도로망이 구축되어 물류가 원활하게 이동될 수 있는 원리와 같은 것이다. 이 신경회로 때문에 김연아 선수는 세계 어느 곳에서든지 실수하지 않고 순식간에 점프하여 공중에서 세 번 돌고 살포시 착지하게 되는 것이다.

일본의 상대 선수 역시 '트리플 악셀' 점프를 할 수 있다. 그러나 그녀의 '트리플 악셀' 점프를 제어하는 신경회로는 아마도 김연아 선수의 그것처럼 잘 연결되지 않았을 것이다. 연결이 잘되었다 하더라도 신경회로를 이루는 뇌신경세포 수가 그리 많지 않을 수도 있을 것이다. 그 수가 더 많은 김연아 선수의 신경회로에는 점프 행위를 추가 제어할 수 있는 시냅스 된 뇌신경세포가 더 많이 존재하기 때문에 완벽하고 더 아름다울 것이다.

뇌에 존재하는 뇌신경세포의 수는 천문학적이다. 대뇌피질에만 약 십억 개가 존재하고, 각각의 뇌신경세포는 인근 뇌신경세포와 약 1만 개의 시냅스를 형성한다고 알려져 있다. 결과적으로 대뇌피질에 존재하는 뇌신경세포는 십억×일만=십조 개의 시냅스를 형성하고 있다. 여기에 소뇌, 간뇌, 뇌간에 존재하는 뇌신경세포의 시냅스의 수를 고려할 때, 뇌 전체에 존재하는 시냅스 수는 사실상 무한대이다

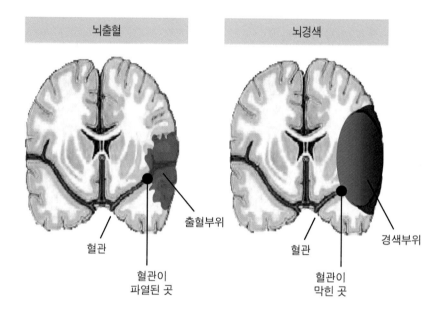

| 뇌출혈 | 뇌경색 |

출혈부위

혈관

혈관이
파열된 곳

경색부위

혈관

혈관이
막힌 곳

　　고혈압, 심장질환, 당뇨, 고지혈증, 흡연, 스트레스 등으로 혈관이
막히거나 또는 파열되면 뇌경색이나 뇌출혈로 이어져 뇌가 손상된
다. 손상부위의 신경세포는 산소결핍과 영양분 결핍으로 죽게 된
다. 이로 인해 손상받은 뇌의 기능은 졸지에 중단된 상태가 유지되
어 뇌졸중이 발생된다.

3. 시냅스, 신경회로 그리고 기억

모든 사람의 뇌에 존재하는 뇌신경세포가 이렇게 많이 시냅스하고 태어나는 것은 아니다. 김연아 선수의 경우에서 경험한 바와 같이 시냅스 형성은 개개인이 얼마나 많은 노력을 하느냐에 따라 비례한다. 물론 시냅스 형성에 유리한 유전자를 보유하면 그만큼 시냅스 형성이 더 쉬워질 것이다. 머리 좋은 집안에 머리 좋은 아이가 태어나는 경우가 바로 그 예일 수도 있다. 하지만 많은 노력에 의해서도 시냅스가 형성되기 때문에 많은 노력을 한다면 모든 것을 다 할 수 있는 능력을 터득하게 될 것이다. 아인슈타인의 뇌의 경우, 일반인보다 더 많은 뇌신경세포가 더 많은 시냅스를 형성하지 않았을까 추측된다. 지금 잠자고 있는 우리 뇌신경세포를 깨워 연결시켜 보자. 구슬이 서 말이라도 꿰어야 보배가 아닌가?

많은 사람은 대부분 커피를 좋아한다. 여러 회사에서 서로 다른 맛과 향이 있는 커피를 만들고, 취향에 따라 선택한다. 예를 들어 고구려 회사와 신라 회사 커피의 맛과 향은 서로 다르다. 처음 이들 커피를 접한 소비자는 그 맛을 구분하기가 쉽지 않다. 그러나 커피를 계속 마시면 고구려와 신라의 커피 맛을 기억하게 된다. 예로 고구려 커피의 경우 1번과 2번 뇌신경세포가 시냅스를 형성하여 1-2 세포 신경회로를 만들고, 신라 커피의 경우 1번, 7번 그리고 8번 뇌신경세포가 시냅스를 형성하여 1-7-8 세포 신경회로가 만들어진다. 이때 계속적으로 커피를 마시면 코의 후각과 혀의 미각은 두 회사 커피의 미묘한 차이를 계속 감지하고, 그 정보를 뇌에 보내어 시냅스가 더 많이 형성된다. 결국 고구려 커피는 최종적으로 1-2-3 세포, 신라 커피는 1-7-8-9-11 세포에 신경회로가 만들어지게 된다. 여기서 고구려 커피는 3개의 세포 그리고 신라 커피는 5개의 세포를 이용하여 시냅스를 형성하였다. 결국 외부자극인 두 회사 커피의 미묘한 차이는 뇌신경세포의 특이한 시냅스 형성으로 서로 다른 신경회로가 만들어져 우리 뇌에 저장, 즉 기억되는 것이다. 이후에 우리 뇌는 이 신경회로를 이용하여 커피 향만으로 고구려 또는 신라 커피인지 즉각적으로 판단하게 된다.

▌뇌 신경 회로 생성

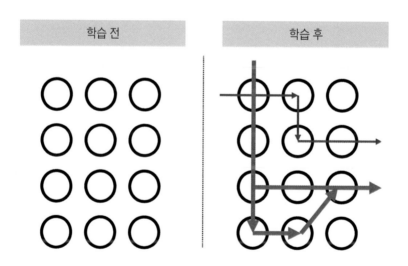

하얀 동그라미로 표시된 뇌신경세포는 홀로 뇌 기능 발휘에 사용되지 않는다. 항상 인근 뇌신경세포 또는 다른 부위의 뇌신경세포

와 시냅스하여, 뇌 기능 발휘에 참여한다. 왼쪽 그림의 뇌신경세포는 인근 뇌신경세포와 거의 시냅스를 하지 않았다. 이것이 보통 학습하기 전의 상태이다. 오른 쪽 그림은 학습 후 뇌신경세포에 의해 뇌신경회로가 이루어짐을 보여 주고 있다. 즉, 인근의 뇌신경세포와 새로이 시냅스하였다는 의미이다. 똑 같은 학습이라 할지라도 파란색의 신경회로 또는 빨간색의 신경회로가 만들어질 수 있다. 신경회로 굵기로 판단해 보건데, 빨간색의 신경회로에서 세포간 시냅스가 더 강하게 이루어져 있음을 알 수 있다. 더 열심히 학습하여 이루어진 신경회로인 듯하다.

4. 신경유연성

척수와는 달리 뇌는 뇌신경세포의 새로운 시냅스과정을 통해 항상 외부의 자극 또는 변화에 효과적으로 대처할 수 있는 능력을 가지고 있다. 한 예를 들어 보자. 앞에서 다룬 신라 커피이다. 신라 커피는 최종적으로 1-7-8-9-11 세포의 시냅스 형성으로 인해 우리 뇌에 기억되어 있다. 만약 뇌졸중에 의해 7번 세포가 죽어버리면 신라 커피의 모든 것을 기억하는 신경회로는 끊어지게 된다. 이때 뇌졸중 환자는 다시 신라 커피로 뇌를 자극하게 되면 인근 뇌신경세포인 7' 세포가 활성화되어 죽은 7번 세포를 대신해서 신경회로에 연결된다. 즉, 커피 재활을 통해 1-7'-8-9-11 세포의 시냅스 형성으로 신라 커피에 대한 뇌 기억이 다시 복구되는 것이다.

이와 같이 우리의 뇌가 유연하게 외부의 변화에 대처할 수 있는 능력을 '신경유연성'neuroplasticity이라 한다. 뇌 기능 재활에 매우 중요한 개념이다. 이 능력 때문에 잃어버렸던 기억도 특정 외부자극에 의해 다시 살아날 수 있다.

신경 유연성

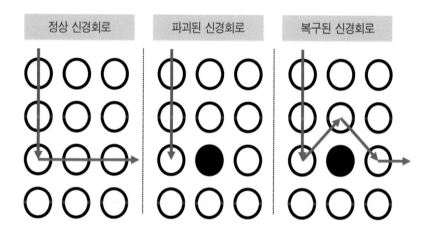

| 정상 신경회로 | 파괴된 신경회로 | 복구된 신경회로 |

외쪽 그림은 일반적으로 뇌신경세포가 이루는 신경회로이다. 빨간색으로 표시되어 있다. 중간그림은 검은 동그라미로 표시된 뇌신경세포가 뇌졸중으로 손상되어 신경회로가 파괴되어 있는 것을 보여 주고 있다. 그러나 우리의 뇌는 척수와는 달리 뇌신경세포의 새로운 시냅스과정을 통해 항상 외부의 자극 또는 변화에 효과적으로 대처할 수 있는 "신경유연성"이라는 능력을 가지고 있다. 오른쪽 그림은 재활에 의해 "신경유연성"이 활성화되어 인근의 정상세포와 시냅스를 하고 신경회로가 다시 복구되어 있는 것을 볼 수 있

다. 이 능력 때문에 특정 외부자극인 재활 운동으로 우리 기억 또는 운동능력이 다시 살아날 수 있다.

5. 뇌졸중과 뇌신경세포 파괴, 시냅스 파괴, 신경회로 파괴

뇌혈관 이상으로 산소와 포도당을 공급받지 못하면 직접적으로 영향 받는 뇌신경세포는 수분 내에 죽어 괴사된다. 영향을 적게 받는 인근 세포는 다행히 생존을 유지하지만 기능, 즉 정보 전달은 제대로 수행할 수 없게 된다. 이 상태가 계속 유지되면 이 세포 역시 몇 시간 또는 며칠 후 세포자멸사에 빠져 죽게 된다. 따라서 뇌졸중이 발병하면 가급적 빨리 병원에 내원하여 치료를 받아야 한다. 만약 치료가 늦을 경우 뇌 손상 정도는 더욱 커져 환자의 생명을 위협하는 사태까지 가게 된다. 최악의 경우, 호흡중추가 있는 뇌간이 조금이라도 손상되면 호흡곤란으로 급사할 수 있다. 따라서 가능한 한 빨리 뇌경색인 경우 혈관을 다시 뚫어주거나 뇌출혈인 경우 수술을 해야 한다. 그런 다음 현존하는 약제를 이용하여 뇌 손상이 최대한 억제되는 방향으로 치료가 이루어져야 한다.

뇌혈관 이상은 뇌신경세포를 파괴하고, 이로 인해 인근 뇌신경세포와의 시냅스도 파괴된다. 시냅스가 파괴되면 신경회로가 파괴되고 결국 특정행위에 대한 기억이 파괴되는 것이다.

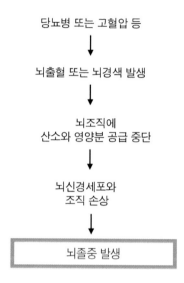

당뇨병 또는 고혈압 등

↓

뇌출혈 또는 뇌경색 발생

↓

뇌조직에
산소와 영양분 공급 중단

↓

뇌신경세포와
조직 손상

↓

뇌졸중 발생

당뇨병 또는 고혈압 등으로 뇌에 산소와 영양분을 공급하는 혈관이 파열되거나 막히면, 산소와 영양분 결핍으로 인근 뇌신경세포와 조직은 손상받게 되어 뇌졸중이 발생된다.

6. 뇌졸중과 재활운동

초기 긴급상황을 잘 극복한 환자는 재활치료에 돌입하게 된다. 왼쪽 팔 운동을 제어하는 신경회로가 관련 뇌신경세포 괴사로 인해 일부분 파괴되었을 경우, 왼쪽 팔 운동을 자의 또는 도움에 의해 적극적이며 계속적으로 반복 실행한다. 독자는 이제 왜 재활치료를 해야 하는지 알고 있다. 뇌가 '신경유연성'이라는 특성을 가지고 있기 때문일 것이다. 즉 재활 운동은 뇌의 관련 부위를 자극하여 건강한 뇌신경세포와 부분 파괴된 신경회로 사이에 시냅스 형성을 유도하고, 이로 이해 신경회로가 재건되어 왼쪽 팔을 다시 움직이게 할 수 있는 능력을 복원하는 것이다. 환자의 의지에 따라 재활효과는 매우 상이할 것으로 판단된다.

가벼운 뇌졸중일 경우 재활 운동에 의해 90% 회복 가능하다. 그러나 뇌졸중에 의한 뇌손상이 매우 심할 경우 재활 효과 역시 미미할 뿐 아니라, 최악의 경우 사망에 이를 수 있다. 따라서 뇌졸중 발병 초기에 뇌손상을 효과적으로 억제하는 것이 차후 만족할만한 재활치료효과를 경험할 수 있는 실마리가 될 수 있다. 인근 뇌신경세포가 많이 살아 있어야 '신경유연성'으로 인해 손상된 신경회로를 복구할 수 있기 때문이다.

7. 뇌졸중과 간엽줄기세포

뇌졸중에 의한 뇌손상이 효과적으로 회복되기 위해서는 다음 3가지 요소를 고려해야 하다. 뇌신경세포 재생neurogenesis, 혈관 생성angiogenesis 그리고 시냅스 형성synaptogenesis이다. 첫째, 뇌손상이 심할 경우 추가 뇌신경세포가 재생되어야 한다. 둘째, 혈관이 손상되었기 때문에 추가 혈관생성이 또한 필요하다. 마지막으로 이 모든 것이 존재한다 할지라도, 뇌신경세포 간에 시냅스가 형성되어 있지 않으면 무용지물이다. 현존하는 약제로는 이 모든 과정을 효과적으로 해결할 수 없다.

간엽줄기세포는 뇌졸중 치료에 필요한 많은 인자가 분비되는 공장으로 인식되기 시작하였고, 많은 뇌졸중 치료 연구로 간엽줄기세포는 상당히 좋은 효과가 있음이 속속 밝혀져 왔다. 그 연구결과를 요약하면 첫째, 투여된 간엽줄기세포가 뇌신경세포로 분화되는 경우는 매우 적다. 둘째, 많은 인자를 분비하여 뇌신경세포 재생, 혈관 생성 그리고 시냅스 형성에 중요한 역할을 하는 것으로 밝혀졌다. 하나의 돌로 토끼 두 마리를 잡는 것이 아니라 두 마리 이상의 토끼를 잡는 것과 같은 이치이다.

물론 뇌졸중 발병 후 투여시점, 투여량, 투여횟수에 따라 치료효과는 상이할 것으로 판단된다. 시냅스 형성의 경우, 재활 치료를 통해 더욱 많은 효과를 볼 수 있을 것이라 판단된다.

| 뇌졸중에 대한 간엽줄기세포 약리효과

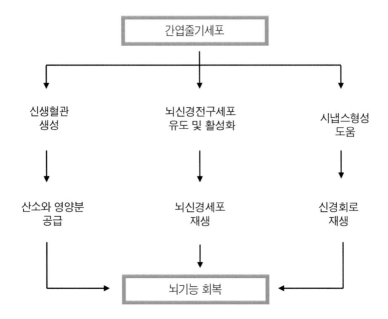

투여된 간엽줄기세포는 뇌신경세포로 거의 분화되지 않는다. 그러나 많은 인자가 분비되어 새로운 혈관을 만들고 뇌신경전구세포를 유인하여 활성화시킨다. 시냅스형성을 도와 신경회로 재생을 증진한다. 이로 인해 뇌기능 회복이 이루어진다.

8. 요점

1) 뇌졸중은 뇌혈관이 막히거나 파괴되어 뇌경색 또는 뇌출혈로 인해 뇌손상을 유도하여 발생되는 뇌질환이다.

2) 뇌는 육안적으로 크게 대뇌, 소뇌, 간뇌 그리고 뇌간으로 구분된다. 뇌신경세포에 의해 서로 연결되어 있어 협력할 수 있으며, 이로 인해 고도의 뇌 기능인 기억도 저장할 수 있게 된다.

3) 각 부위의 뇌를 구성하는 가장 기본 단위는 뇌신경세포이며, 세포체, 축삭 그리고 돌기로 구성되어 있다. 세포체는 뇌신경세포가 기능하기 위해 필요한 모든 것을 제공하고, 돌기는 인근 뇌신경세포의 축삭과 연접 또는 시냅스를 이루어 정보를 접수받는 장소이다. 축삭은 인근 뇌신경세포의 돌기와 시냅스하여 정보를 전달하는 장소이다.

4) 뇌신경세포는 홀로 뇌 기능 발휘에 사용되지 않는다. 항상 인근의 뇌신경세포 또는 다른 부위의 뇌신경세포와 시냅스하여 뇌기능에 이용된다. 노력에 의한 외부자극 정도에 의해 적고 많은 시냅스가 형성되고 외부자극에 따라 뇌신경세포 신경회로가 만들어져 뇌에 저장된다. 즉 기억하게 되는 것이다. 반복하는 학습 또는 운동연습도 시냅스형성을 통해 신경회로가 형성되고 기억되는 일종의 외부자극이다. 열심히 학습하면 튼튼한 시냅스가 형성되어 오래 기억이 유지될 수 있다.

5) 척수와는 달리 뇌는 뇌신경세포의 새로운 시냅스과정을 통해 항상 외부의 자극 또는 변화에 효과적으로 대처할 수 있는 '신경유연성'이라는 능력을 가지고 있다. 뇌졸중으로 인해 기억의

주체가 되는 신경회로가 파괴될 수 있다. 이때 재활치료를 통한 반복적인 외부자극으로 신경회로 주위에 존재하는 정상 뇌신경 세포는 손상된 신경회로에 새로운 시냅스를 형성하여 신경회로 가 복구된다.

6) 뇌졸중에 의한 뇌손상의 회복 정도는 크게 3가지 요소에 의해 좌우된다. 뇌신경세포 재생, 혈관 생성 그리고 시냅스 형성이다. 간엽줄기세포는 뇌졸중 치료에 필요한 많은 인자가 분비되는 공 장이며, 뇌졸중 치료에 효과가 좋다는 연구결과가 많이 보고되 고 있다. 투여된 간엽줄기세포가 뇌신경세포로 분화되는 경우 는 매우 적으나, 많은 인자를 분비하여 뇌신경세포 재생, 혈관 생성 그리고 시냅스 형성에 중요한 역할을 하는 것으로 밝혀져 있다. 물론 뇌졸중 발병 후 투여시점, 투여량, 투여횟수에 따라 치료효과는 상이할 것으로 판단되며, 시냅스 형성의 경우, 재활 치료를 통해 더욱 많은 효과를 볼 수 있을 것이라 판단된다.

STEP 11 | 퇴행성관절염과 간엽줄기세포

언론에서 자주 접하는 통계 중 하나는 우리나라에서 55세 이상 약 80%에 해당하는 인구 또는 국민 6명 중 1명이 퇴행성관절염을 앓고 있다는 통계 수치이다. 엄청나다. 사실 우리 주위에서 퇴행성관절염으로 고생하는 사람을 찾기란 그리 어려운 일이 아니다. 심지어 우리 가족 구성원 중에서도 쉽게 찾아볼 수 있을 정도다.

뼈가 서로 맞닿아 연결되어 있는 곳을 관절이라 하고, 그 사이의 충격을 완화하기 위해 쿠션 역할을 하는 연골이 뼈끝에 존재한다. 움직일 경우 연골운동을 매끄럽게 하기 위해 윤활액이 있으며 이를 감싸고 있는 주머니 역할을 하는 막이 활막이다. 즉, 활막으로 인해 윤활액이 있는 관절강이 형성되고, 이러한 구조 때문에 그 속에 있는 연골과 뼈 운동은 아무 마찰 없이 잘 이루어진다.

퇴행성관절염은 이 연골이 서서히 파괴되고 통증을 유발하는 질환이다. 뚜렷한 치료방법이 없어 결국 연골을 모두 잃어버리게 되고, 인공관절로 대치되지 않는 한, 정상적인 생활을 할 수 없을 지경에 이르게 된다.

퇴행성관절염 발병과정을 이해하기 위해 연골성분과 기능에 대해 간단하게 알아보고 연골파괴 요인이 무엇인지, 현재 사용되고 있는 치료법의 한계가 무엇인지에 대해 알아보자. 마지막으로 간엽줄기세포가 그 한계점을 극복할 수 있는 대안이 될 수 있는지에 대해서도 알아보자.

┃ 정상 및 퇴행성 관절

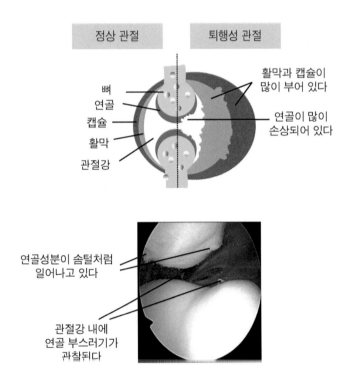

뼈가 서로 맞닿아 연결되어 있는 곳이 관절이다. 뼈 사이의 충격을 완화하기 위해 쿠션 역할을 하는 연골이 뼈 끝에 존재한다. 움

직일 경우 연골 운동을 매끄럽게 하기 위해 윤활액도 있으며 이를 감싸고 있는 막이 활막이다. 관절강을 이룬다. 그 위에 캡슐로 또 싸여져 있다. 퇴행성 관절인 경우 윗 그림에서 보는 바와 같이 연골이 손상되고 활막과 캡슐이 부어 있다. 아래 그림은 퇴행성 관절염 초기에 관찰되는 관절 내시경 사진이다. 연골성분이 솜털처럼 일어나기 시작하고 관절강 내에 부스러기들이 관찰된다.

1. 연골성분 및 기능

일반적으로 뼈는 무기질인 칼슘과 인을 많이 포함하고 있는 것에 비해 물렁뼈인 연골은 주로 단백질과 탄수화물 그리고 수분으로 이루어져 있다. 섬유성 단백질인 콜라겐이 매우 풍부하고, 탄수화물인 히알루론 산, 단백질과 탄수화물의 복합체인 단백당 그리고 콘드로이틴 등으로 이루어져 있으며, 특히 콘드로이틴은 친수성이 있어 많은 수분을 연골로 끌어들인다. 실제로 연골의 수분함량은 약 65~80% 정도로 의외로 많이 함유하고 있다. 어렸을 적 초등학교 운동회 때에 줄다리기를 하곤 했다. 이때 사용된 밧줄은 동아줄로 삼에서 추출한 탄수화물성 섬유질로 만들어진다. 섬유질 한 올 한 올은 그리 튼튼하지 못하지만, 모이면 매우 강한 동아줄이 탄생된다. 연골의 주요성분인 탄수화물과 단백질도 마찬가지이다. 많이 모이고 잘 배열되어 매우 탄탄한 구조를 이루게 된다.

마라톤을 할 경우, 연골이 받는 충격은 몸무게의 약 6배라고 알려져 있다. 평균 60킬로그램이면 약 360킬로그램의 충격을 받고 흡수하는 것이다. 상당한 충격이다. 그렇다면 어떻게 연골이 충격을 흡수할까? 연골에 충격을 가하면 연골 속에 존재하는 수분이 빠지면서 충격을 흡수하게 되고, 충격이 제거되면 연골은 수분을 다시 흡수하면서 원상 복귀된다. 마치 물속에 있는 스펀지를 짰을 때 스펀지 속의 수분이 방출되고, 스펀지를 짜지 않을 때에는 수분이 다시 스펀지 속으로 들어가는 것과 마찬가지이다. 따라서 연골이 함유하고 있는 수분에 의해 외부충격을 흡수하고 뼈와 뼈 사이의 관절이 보호된다.

▎연골 속에 있는 연골세포

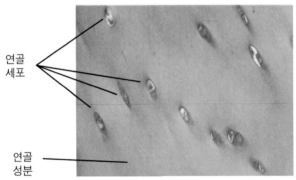

자료제공: Emmanuelm (Creative Commons BY 3,0)

연골세포는 자기가 분비한 연골 구성 물질 속에서 평생 사는 것으로 알려져 있다. 비록 갇혀 살지만 연골 형성에 관해서는 알게 모르게 왕성한 일을 한다.

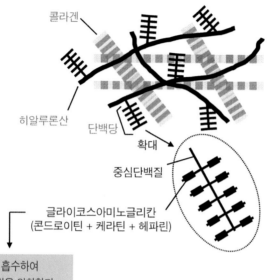

연골 구성 성분은 주로 수분, 콜라겐, 히알루론산, 단백당으로 이루어져 있다. 단백당은 중심단백질에 글라이코스아미노글리칸이 결합한 것이다. 후자는 친수성이 있어 많은 수분을 연골로 끌어 들여 관절 충격을 완화한다. 연골은 이러한 성분이 잘 배열되어 매우 탄탄한 구조를 이루고 있다. 마라톤을 할 경우, 연골은 자기 몸무게의 약 6배의 충격을 받고 흡수한다.

2. 연골을 만드는 세포: 연골세포

　연골을 만드는 유일한 세포는 연골세포이다. 연골세포는 연골 속에 존재한다. 연골에는 혈관이 없기 때문에 연골세포는 관절강에 존재하는 영양분을 흡수하며 살아간다. 위에서 언급한 바와 같이 연골이 충격을 흡수할 때 수분이 빠져나가고, 충격이 제거되면 다시 수분이 연골로 스며든다. 이때, 수분과 함께 영양분도 같이 연골로 들어가 연골세포가 이용하게 된다.

　일반적으로 연골세포는 연골 속에서 증식하거나 죽는 경우는 드물다. 예를 들어 20세 청년의 연골에 살고 있는 연골세포나 그가 80세가 되었을 때 연골에 살고 있는 그것이나 동일하고 수적으로도 별 차이가 없다. 그러나 연골세포는 연골성분을 분비하거나 또는 분비된 연골성분을 리모델링하는 데 쉴 틈이 없이 평생 동안 일을 계속한다. 우리 몸은 연골의 재생이 필요하다고 느낄 경우, 연골세포는 많은 인자를 방출한다. 연골세포는 자신이 방출한 인자를 감지하게 되고 연골재생에 필요한 콜라겐 또는 단백당과 같은 연골성분을 분비하게 된다. 반대로 연골성분이 많이 분비되거나 분비된 연골성분을 탄탄한 구조로 리모델링할 경우 금속단백분해 효소와 같은 효소를 방출하여 콜라겐 또는 단백당을 분해한다. 따라서 연골세포는 연골성분을 분비하여 연골을 만드는 동화작용과 연골성분을 분해하는 이화작용을 동시에 할 수 있는 능력을 가진 세포이다. 연골이 건강한 사람의 연골세포는 어느 한쪽으로도 치우치지 않고 동화작용과 이화작용의 균형을 절묘하게 이루어 건강한 연골 상태를 오랫동안 유지하게 된다.

❙연골세포의 동화 및 이화작용

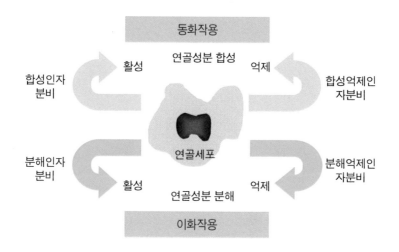

연골세포는 연골 성분을 분비하여 연골을 만든다. 동화작용이다. 또한 연골세포는 연골성분을 다시 분해하는 능력도 있다. 이화작용이다. 이 모든 작용이 분비되는 인자에 의해 제어를 받는다. 연골이 건강한 사람의 연골세포는 어느 한쪽으로도 치우치지 않고 동화작용과 이화작용의 균형을 절묘하게 이루어 건강한 연골 상태를 오랫동안 유지하게 된다.

▎연골세포와 면역세포와 악화회로 형성

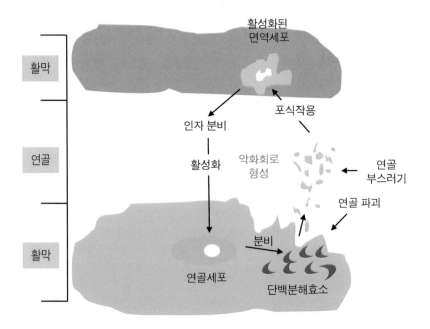

연골세포가 분비한 단백분해효소에 의해 연골이 분해되고, 그 연골 부스러기들은 활막에 존재하는 면역세포 등의 포식작용에 의해 흡수된다. 그 결과 염증유발 인자를 분비하고, 연골세포의 단백분해효소 분비를 더욱 활성화하여 연골 손상을 가중시킨다. 결국 악순환의 결과를 낳게 된다.

3. 퇴행성관절염 발병과정

퇴행성관절염은 뼈가 닳아 없어져 생기는 병이라고 일반인에게 알려져 있다. 그러나 학계에서는 그렇게 보고 있지 않다. 앞에서 언급한 바와 같이, 마라톤을 할 경우 자기 몸무게의 약 6배에 해당하는 하중도 견딜 수 있는 구조로 되어 있는 연골은 단순히 기계적으로 닳아 없어지지 않기 때문이다. 만약 그렇다면 축구선수인 산소탱크 박지성이나 마라톤선수인 이봉주의 연골은 아마도 지금쯤 남아나지 않았을 것이다. 많은 연구에 의해 보여준 바와 같이, 연골을 파괴하는 주범은 다름 아닌 연골세포이다. 매우 역설적이다. 연골을 만드는 연골세포가 연골을 파괴하다니 이해할 수 없는 상황이다.

앞에서 언급한 바와 같이 연골세포는 동화 및 이화 작용을 하는 세포이다. 퇴행성관절염을 유도하는 연골세포는 연골을 만드는 동화작용보다는 단백분해효소 등에 의해 연골성분을 분해하는 이화작용을 더 많이 하는 것으로 알려져 있다. 주요 원인은 아직 밝혀지지 않았지만, 나이, 유전적 요인, 영양상태, 비만 또는 외상 등에 의해 영향을 받는 것으로 알려져 있다.

일차적으로 단백분해효소 등에 의해 분해된 연골 부스러기들은 활막에 존재하는 섬유아세포 또는 대식세포가 포식한다. 그 결과 염증유발 인자를 분비하고, 이로 인해 더 많은 염증세포가 유입되어 다량의 염증유발 인자를 분비한다. 이 인자들은 연골세포의 이화작용을 활성화하여, 연골세포는 연골을 파괴하는 단백분해효소를 많이 분비하게 된다. 그 결과 연골이 더 많이 분해되고, 또다시 염증세포가 더 많이 유입되어 결국 악순환 고리가 형성된다. 이러한 과정에서 연골만 파괴되는 것이 아니다. 통증유발 인자도 분비되어 인근 신경세포를 활성화하고 통증을 유발한다.

| 퇴행성 관절염 발병과정

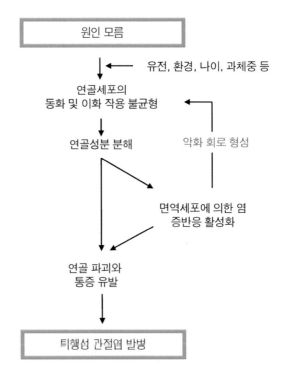

원인은 아직 밝혀지지 않았지만 연골세포의 동화 및 이화작용의 불균형으로 연골이 분해되고, 분해된 연골 부스러기는 염증세포 등

을 활성화하여 염증유발 인자 분비를 유도한다. 분비된 염증유발 인자는 연골세포를 활성화하여 연골을 분해하는 이화작용을 더욱 활성화한다. 이로 인해 악순환이 형성되어 연골파괴와 통증이 더욱 가중된다.

4. 퇴행성관절염 패취제의 두 얼굴

현재 손쉽게 구할 수 있는 퇴행성관절염 약제는 패취제 등이다. TV에서 연예인이 패취제를 관절에 붙이고 계단을 동시에 여러 개 뛰어 오르는 아주 고무적인 광고를 볼 수 있다. 효과가 좋다는 것을 암시할 수 있는 장면이다. 이런 패취제에는 통증을 완화하는 진통 효과와 염증반응을 억제하는 소염 효과를 동시에 볼 수 있는 약이 함유되어 있다. 그러나 대중은 여기서 반드시 알아 두어야 할 진실이 있다. 패취제의 진통 효과로 인해 어느 정도 무릎 통증을 완화시킬 수 있다. 따라서 환자는 관절염이 개선되고 있다고 생각하기 시작한다. 문제는 여기에 있다. 물론 통증완화도 매우 중요하다. 그러나 그보다 더 중요한 것은 염증반응을 억제해야 한다. 그 이유는 앞에서 언급한 바와 같이 염증반응은 연골을 파괴하고 동시에 통증도 유발하기 때문이다. 패취제에 소염작용 약제가 존재하는 것은 사실이다. 그러나 전체적인 염증 반응 과정을 거목이라고 비유하였을 때 패취제의 소염작용은 거목의 곁가지에 해당하는 정도의 염증반응밖에 억제하지 않는다. 결국 패취제를 붙여 통증이 어느

정도 완화된다 할지라도 실제로는 연골을 파괴하는 대부분 염증반
응은 계속 일어나고 있다고 해도 과언이 아니다. 결국 병을 키우는
결과를 낳을 수 있다. 자각증상인 통증이 시작될 때, 관절염 전문의
를 찾아 진료 받는 것이 그중 보다 나은 방법이라 판단된다.

5. 기존 치료방법과 한계

퇴행성관절염을 근본적으로 치료하는 방법은 사실상 현재로서는
없다. 다만, 통증을 완화하거나 관절염 진행을 완화하는 목적으로
패취제나 그와 비슷한 약리 효과가 있는 소염 진통제 또는 스테로
이드제 투여가 대부분이다. 그리고 글루코스아민과 같은 연골성분
을 섭취하기도 하고 히알루론산과 같은 윤활액을 관절강에 주입하
기도 한다. 대개 관절염 진행 속도를 완화시킬 수 있지만, 결국 연골
의 대부분을 잃어버리는 시점까지 이르게 된다.

6. 퇴행성관절염과 간엽줄기세포

다음 장에서 다루는 류머티즘 관절염은 자가면역 질환이기 때문
에 만성염증 질환이라 학계에 잘 알려져 있지만, 퇴행성관절염은 만
성염증 질환이라 간주하지 않았다. 그 이유는 관절강 내에 있는 윤
활액 에 염증 질환 판정 기준인 호중구와 같은 백혈구 수치가 낮기

때문이다. 그러나 최근 학계에서는 퇴행성관절염 역시 만성염증 질환으로 간주하기 시작하였다. 그 이유는 앞에서 언급한 바와 같이 연골세포와 염증세포 사이에 악순환 고리가 형성되어 만성염증이 유발되고 이로 인해 결국 연골파괴가 유도되기 때문이다. 가능한 빨리 이 악순환의 고리를 끊어 주어야 한다.

간엽줄기세포가 퇴행성관절염에 좋은 치료제일 수 있다는 인식은 2000년 초반부터 미국에서 말이나 개의 퇴행성관절염에 간엽줄기세포를 사용하고서부터 시작되었고 매우 만족스러운 임상효과를 관찰하였다. 현재 퇴행성관절염은 연골세포와 염증세포 사이의 악순환 고리 형성으로 더욱 악화된다는 것을 고려해 볼 때, 강력한 면역억제 기능이 있는 간엽줄기세포는 좋은 퇴행성관절염 치료제로 사용될 수 있을 것이라 판단된다. 현재 세계 여러 곳에서 실제 시술이 이루어지고 있다. 그러나 투여된 간엽줄기세포는 연골세포로 거의 분화하지 않기 때문에 파괴된 연골을 재생할 목적으로 간엽줄기세포를 투여한다면 그 효과는 매우 미미할 것으로 판단된다. 따라서 간엽줄기세포는 연골재생 목적이 아닌, 관절염증을 억제하는 면역억제제로 간주해야 할 것으로 판단된다.

▎퇴행성 관절염에 대한 간엽줄기세포 약리효과

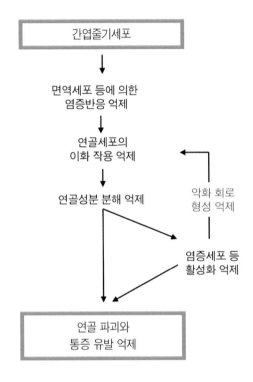

투여된 간엽줄기세포는 연골세포로 거의 분화되지 않는다. 그러나 간엽줄기세포의 강력한 면역억제 기능으로 활성화된 염증세포 등을 억제하여 염증유발 인자분비 억제를 유도한다. 이로 인해 연골세포와 염증세포 간의 악순환 고리가 끊겨 결국 연골파괴와 통증유발을 효과적으로 억제한다.

1) 관절 연골은 뼈와 뼈 사이에 존재하며 충격을 완화하어 준다.

2) 관절 연골은 단백질과 탄수화물이 주성분이며 잘 정돈되어 자기 몸무게의 6배에 달하는 하중도 거뜬히 견딜 수 있는 탄탄한 구조로 되어 있고 수분을 다량 함유하여 충격을 완화한다.

3) 연골은 오직 연골세포에 의해 만들어진다. 연골세포는 연골을 구성하는 성분을 분비하는 동화작용 또는 분비된 연골구성 성분을 리모델링할 경우 그것을 다시 분해하는 이화작용을 하는 다재다능한 세포이다. 연골이 건강한 사람의 연골세포는 어느 한쪽으로도 치우치지 않고 동화작용과 이화작용의 균형을 절묘하게 이루어 건강한 연골상태를 오랫동안 유지하게 된다.

4) 퇴행성관절염은 연골이 서서히 파괴되고 통증을 유발하는 질환이며 뼈가 닳아 없어져 생기는 병이라고 일반인에게 알려져 있다. 그러나 학계에서는 연골을 파괴하는 주범은 다름 아닌 연골세포라 결론짓고 있다. 퇴행성관절염을 유도하는 연골세포는 직접적인 원인은 아직 밝혀지지 않았지만, 연골을 만드는 동화작용보다는 연골을 분해하는 이화작용을 더 많이 하는 것으로 알려져 있다. 그 결과 연골세포는 단백분해효소 등을 많이 분비하여 연골을 분해하며 파괴한다.

5) 일차적으로 단백분해효소에 의해 분해된 연골 부스러기들은 활막에 존재하는 섬유아세포 또는 대식세포가 포식한다. 그 결과 염증유발 인자를 분비하고, 이로 인해 더 많은 염증세포 유입이 유도되어 더 많은 염증유발 인자를 분비한다. 이로 인해 연골세포는 이화작용을 하는 방향으로 더 많이 활성화된다. 결국 악순환 고리가 형성된다. 통증 유발인자도 분비되어 통증이 유발된다.

6) 현재 손쉽게 구할 수 있는 퇴행성관절염 약제는 패취제 등이다. 패취제는 통증을 완화하는 진통 효과와 염증반응을 억제하는 소염 효과를 동시에 볼 수 있는 약이 함유되어 있다. 진통 효과로 인해 어느 정도 무릎 통증을 완화시킬 수 있지만 소염효과는 매우 미미한 정도이다.

7) 현재 관절 염증의 악순환 고리를 효과적으로 차단하는 약제가 존재하지 않는다. 간엽줄기세포는 염증을 유발하는 면역세포를 효과적으로 억제하여 악순환의 고리를 차단할 수 있다. 현재 세계 여러 곳에서 실제 시술이 이루어지고 있다. 그러나 투여된 간엽줄기세포는 연골세포로 거의 분화하지 않기 때문에 파괴된 연골을 재생할 목적으로 간엽줄기세포를 투여한다면 그 효과는 매우 미미할 것으로 판단된다. 따라서 간엽줄기세포는 연골재생 목적이 아닌, 관절염증을 억제하는 면역억제제로 간주해야 할 것으로 판단된다.

류머티즘 관절염과 간엽줄기세포

2010년 10월에 방영된 KBS 「생로병사의 비밀」에서 류머티즘 관절염의 심각성에 대해 다루었다. 류머티즘 관절염은 면역계가 관절을 공격하는 자가면역 질환이며, 전 국민의 약 1%인 약 50만 명이 고통을 받고 있는 것으로 알려져 있다. 퇴행성관절염과는 달리 병의 진행 속도가 매우 빨라 조기에 발견하여 치료하지 않으면 2년 안에 뼈와 대부분의 연골이 파괴되어 관절이 변형되며 심한 통증이 동반되는 질환이다. 발병에서 병원에 내원하여 진단 받는 데 걸리는 시간은 약 2년, 그중 반수 이상이 돌이킬 수 없을 정도로 병이 진행된 상태이다. 만약 치료시기를 놓쳐 연골과 뼈 파괴로 인해 심한 관절변형이 생긴다면 현재 의료술로 치료하는 것은 불가능하다. 이러한 병의 심각성 때문에 환자의 60%가 우울증을 호소하고 있고, 약 20%는 자살 충동까지 느낀다는 통계가 언론에 보도되었다.

류머티즘 관절염 발병 원인은 아직 밝혀지지 않았다. 따라서 근본적인 치료로 병의 완치는 불가능하다. 그러나 조기에 발견하여 연골과 뼈 파괴를 최대한 억제할 수 있는 방향으로 치료를 받는다면 관절변형을 막을 수 있고 심한 통증도 억제할 수 있다. 이로 인해 정상 생활도 유지할 수 있다. 그러나 근본 원인을 제거하는 치료가 아니기 때문에 평생 치료가 요구되고, 조금 호전되었다고 치료를 게을리 한다면 연골과 뼈가 계속 손상된다.

여기서는 류머티즘 관절염 발병과정에 대해 알아보자. 연골 및 뼈가 파괴되는 이유가 무엇인지에 대해서도 알아보자. 그리고 현재 사용되고 있는 치료법의 한계가 무엇인지에 대해 알아보고, 마지막으로 간엽줄기세포가 그 한계점을 극복할 수 있는 대안이 될 수 있는지에 대해서도 알아보자.

판누스 형성

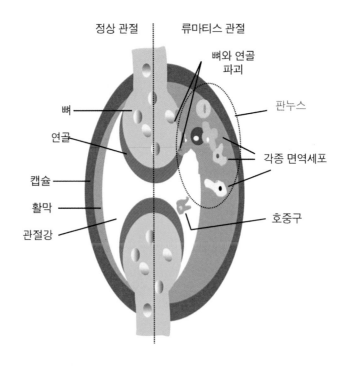

류마티스 관절염은 면역계가 관절을 공격하는 자가면역 질환이다. 면역세포 중 호중구는 윤활액이 있는 관절강으로 이동하고, B 세포, T 세포, 비만세포, 수지상 세포, 그리고 대식세포 등은 관절강을 싸고 있는 활막으로 이동한다. 이러한 과정에서 활막에 섬유아세포를 포함한 두툼한 세포뭉치가 형성되는데, 이를 판누스라 한다. 판누스는 뼈나 연골 쪽으로 계속 진행하여 형성되고, 그 속에 있는 염증세포는 많은 염증인자를 분비하여 연골과 뼈를 파괴한다.

1. 발병 과정

자가면역 질환인 류머티즘 관절염 발병원인은 아직 밝혀져 있지 않고 있다. 관절을 공격하는 많은 종류의 면역세포는 관절로 모이게 된다. 그중 호중구는 윤활액이 있는 관절강으로 이동하고, B 세포, T 세포, 비만세포, 수지상 세포 그리고 대식세포 등은 관절강을 싸고 있는 활막으로 이동한다. 이러한 과정에서 활막에 섬유아세포를 포함한 두툼한 세포뭉치가 형성되는데, 이것이 판누스pannus이다. 판누스는 뼈나 연골 쪽으로 계속 진행하여 형성되고 상당히 많은 종류의 염증인자를 분비한다. 그중 대표적인 인자는 그 유명한 TNF-alpha와 IL-1 인자이다.

TNF-alpha와 IL-1 인자는 서로의 분비를 촉진하고, 연골에 존재하는 연골세포를 활성화하여 단백분해효소 분비를 유도한다. 이로 인해 연골이 파괴된다. 관절강 또는 판누스에 존재하는 섬유아세포도 활성화되어 염증과 통증을 유발하는 인자를 분비하고 단백분해 효소도 분비하여 연골을 파괴한다. IL-1 인자의 경우, 뼈에 존재하는 파골세포도 활성화하여 뼈를 파괴한다. 이러한 과정에서 통증 유발 물질이 분비되어 통증을 더욱 악화시킨다.

이 두 인자의 협동작전에 의해 관절염의 진행속도는 매우 빠르게 진행된다. 동시 다발적으로 공격하기 때문이다. 이 이외에도 류머티즘 관절염을 악화시키는 많은 염증인자가 밝혀져 있는 것을 고려해 볼 때, 류머티즘 관절염은 '별들의 전쟁'이 아닌 '분비된 인자의 전쟁'으로 통증 그리고 뼈와 연골이 급속히 파괴되는 무서운 질환이라 해도 과언이 아니다.

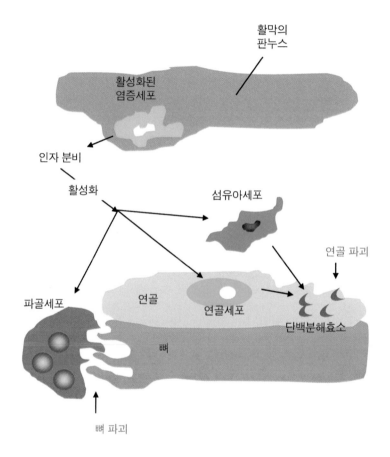

┃ 활성화된 면역세포에 의해 연골과 뼈 파괴 과정

활막의
판누스

활성화된
염증세포

인자 분비

활성화

섬유아세포

연골 파괴

파골세포

연골

연골세포

단백분해효소

뼈

뼈 파괴

　판누스의 염증세포는 많은 인자를 분비하여 연골에 존재하는 연골세포와 관절강에 존재하는 섬유아세포를 활성화한다. 단백분해효소 분비를 유도하여 연골을 파괴한다. 한편, 뼈의 파골세포도 활성화하여 뼈파괴를 유도한다.

치료는 면역계를 억제하는 것이다. 비스테로이드 또는 스테로이드 제제가 주요 치료제이며, 이외에도 메쏘트랙세이트 methotrexate와 같은 약제를 이용하여 연골 및 뼈 파괴 진행을 억제한다. 최근에는 휴미라, 레미케이드 또는 엔브렐과 같은 생물학적 제제가 개발되어 보다 효과적으로 면역억제 효과를 보고 있다. 이 생물학적 제제는 류머티즘 관절염을 유발하는 주요인자 중 하나인 TNF-alpha 인자기능을 억제하는 항체이다. 매우 고가로 판매되고 있어 치료 방법의 마지막 단계로 사용되고 있는 실정이다. 예를 들어 주사제인 엘브렐 경우, 1회 투여할 경우 보험가는 13만 5천 원. 주 2회 투여를 권장하므로 매달 8회 투여해야 한다. 따라서 매달 13만 5천원×8=108만 원이 지출되고, 일 년이면 1,296만 원이 지출되어야 하는 계산이 나온다. 국민건강보험공단의 보험급여 기간은 51개월. 그 이후에는 환자가 40~46% 부담해야 한다. 여전히 부담이 크다. 물론 전문의 판단에 따라 주사 용량을 줄일 수 있지만 완치의 개념이 아닌 단순히 면역을 억제하는 차원의 치료이기 때문에 평생 투여해야 한다. 따라서 국민건강보험공단 재정과 환자의 경제적 손실은 이루 말할 수 없을 것으로 예측한다.

TNF-alpha 인자기능을 억제하는 생물학적 제제의 효과는 좋은 것으로 알려져 있다. 그러나 기존의 약제보다 좋다는 것이지 질환의 진행을 100% 억제하는 경우는 매우 드문 것으로 알려져 있다.

투여하지 않는 경우보다 최소 20% 효과를 보는 환자의 빈도수는 임상 병원에 따라 50~80% 정도. 그나마 효과를 보지 못하는 경우도 상당수 된다는 것이다. 류머티즘 관절염의 진행에 TNF-alpha 인자만 독주하는 것이 아니라는 연구결과를 고려해 볼 때, 쉽게 이해할 수 있는 치료효율이라 할 수 있다. 보다 나은 면역억제 효과를 얻기 위해 IL-1 인자를 포함한 여러 인자기능을 억제할 수 있는 생물학적 제제 개발에 전 세계가 매진하고 있는 실정이다.

3. 류머티즘 관절염과 간엽줄기세포

치료비용이 합리적이고 치료효과가 보다 나은 광범위한 면역억제제 개발이 시급하다. 간엽줄기세포는 동시 다발적으로 거의 모든 종류의 면역세포의 기능을 직·간접적으로 억제하는 강력한 면역억제 기능이 있다. 이 약리효과는 학계에서 많이 연구되었고 인정받는 결과이다. 현재 간엽줄기세포를 이용하여 류머티즘 관절염을 치료하기 위해 전 세계적으로 인간임상실험을 실시하고 있다. 한편, 간엽줄기세포 시술이 허용된 국가에서는 사실상 간엽줄기세포를 류머티즘 관절염 치료에 사용하고 있는 중이다. 우리나라에서도 치료효율을 높이기 위해 주사부위, 투여량, 투여횟수를 결정하는 부수적 연구가 뒤따른다면 간엽줄기세포 투여로 인해 매우 효과적으로 류머티즘 관절염을 치료할 수 있다고 판단된다.

┃ 류마티스관절염 발병과정

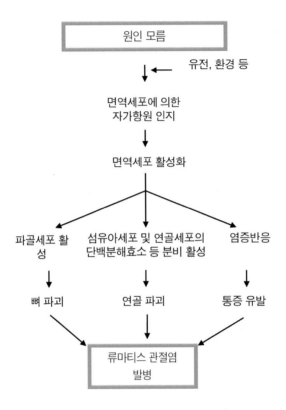

원인은 아직 밝혀지지 않았다. 면역세포에 의해 자가 항원이 인지되고, 이로 인해 면역세포가 활성화되어 염증유발 인자를 분비하고 섬유아 세포와 연골세포를 활성화하여 연골을 파괴한다. 파골세포도 활성화하여 뼈도 파괴한다. 이러한 과정 중 통증유발 인자도 분비되어 통증을 유발한다.

❙ 류마티스관절염에 대한 간엽줄기세포 약리효과

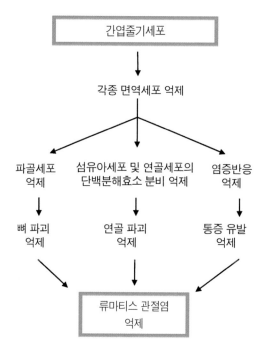

투여된 간엽줄기세포는 연골세포로 거의 분화되지 않는다. 그러
나 간엽줄기세포의 강력한 면역억제 기능으로 인해 활성화된 면역
세포를 억제하고, 이로 인해 파골세포의 뼈 파괴를 억제한다. 섬유
아 세포와 연골세포의 연골 파괴도 억제한다. 염증반응 억제로 통
증유발도 억제한다.

1) 류머티즘 관절염은 면역계가 관절을 적으로 인식하여 공격하는 자가면역 질환이다. 원인은 아직 밝혀지지 않은 상태이다.

2) 류머티즘 관절염은 그 진행 속도가 빨라 조기에 발견하지 못하면 발병 2년 안에 상당수 환자의 뼈와 대부분 연골이 파괴된다.

3) 일반적으로 조기에 발견하여 연골과 뼈 파괴를 최대한 억제할 수 있는 방향으로 치료를 받는다면 관절변형을 막을 수 있고 심한 통증도 억제할 수 있기 때문에 오랫동안 정상생활 유지가 가능한 것으로 알려져 있다.

4) 많은 면역세포와 섬유아세포가 활막에 집결하여 많은 염증인자를 분비한다. 분비되는 주요 염증인자는 TNF-alpha와 IL-1 인자이다. 이들은 서로의 분비를 촉진하고, 연골세포를 활성화하여 단백분해효소를 분비시키며 그로 인해 연골이 파괴된다. 활막 또는 관절강에 존재하는 섬유아세포도 활성화되어 염증과 통증을 유발하는 인자와 연골을 파괴하는 단백분해 효소가 분비된다. IL-1 인자의 경우 파골세포도 활성화하여 뼈를 파괴한다. 통증 유발 물질도 분비되어 통증을 더욱 악화시킨다.

5) 자가면역 작용을 억제하는 것이 주요 치료 목표이므로 비스테로

이드 또는 스테로이드 제제가 주요 치료제이다. 최근에는 TNF-alpha 인자 기능을 억제하는 항체치료제인 엔브렐과 같은 생물학적 제제가 개발되어 면역억제에 보다 뛰어난 효과를 보이고 있으나 매우 고가로 판매되고 있고 제한적인 치료효과의 한계로 새로운 방법이 기대되고 있다.

6) 간엽줄기세포는 거의 모든 면역세포 기능을 억제한다. 이로 인해 류머티즘 관절염 진행 속도를 효과적으로 억제할 수 있을 것이라 판단된다. 현재 간엽줄기세포를 이용하여 전 세계적으로 인간임상실험을 실시하고 있고 간엽줄기세포 시술이 허용된 국가에서는 사실상 류머티즘 관절염 치료에 사용하고 있는 중이다. 치료시기를 놓쳐 대부분의 연골과 뼈가 파괴된 상태에서 간엽줄기세포를 투여한다면 다른 약제와 마찬가지로 그 효과가 미미할 것으로 판단된다.

여름철에 빈번히 발생하는 세균성 식중독은 복통과 설사를 동반하는 장질환이다. 세균의 종류에 따라 다르지만 대부분 적절한 치료와 일정 기간이 지난 후 우리 면역계에 의해 근본적으로 치료가 된다. 그러나 장점막 이상과 면역계 이상으로 인해 발생하는 염증성 장질환은 만성염증으로 인해 장조직 파괴가 유도되는 치료가 매우 어려운 장질환이다.

크론병과 궤양성 대장염은 염증성 장질환의 대표적인 질환이다. 두 질환은 공통적으로 만성염증으로 인해 장조직이 파괴되며 복통, 구토, 장출혈 그리고 체중감소 등을 동반한다. 그러나 발병 부위와 육안적 소견은 조금씩 다르다. 크론병의 경우 주로 위, 소장 또는 대장에 발생하고, 두터운 장조직을 꿰뚫는 염증이 발생한다. 매우 심할 경우, 항문 인근 조직까지 침투하여 조직을 괴사하고 누공 fistula이라는 구멍을 형성하여 변이 새어 나오는 변실금이 발생된다. 궤양성 대장염의 경우 대장에서만 발병하고, 장점막 표면에만 주로 염증이 형성된다.

우리나라에서 2001~2005년에 크론병과 궤양성 대장염 유병률은 인구 10만 명당 각각 11명과 30명으로 알려져 있다. 식생활의 서구화로 인해 증가 추세에 있다. 두 질병 모두 만성염증으로 인해 장조직이 파괴되기 때문에 면역억제제가 주 치료제로 사용되어 호전될 수 있지만 두 질병 모두 재발이 빈번하기 때문에 오랫동안 치료해야 하는 번거로움이 있다. 완치가 쉽지 않아 환자 삶의 질은 매우 저하된다. 염증성 장질환은 한마디로 만성염증으로 인해 장조직이 손상되는 질환이다. 따라서 발병과정을 쉽게 이해하기 위해 정상과 구분되는 장조직 구조와 면역계에 대해 알아보자.

▮ 장조직 제1 방어벽; 점액층

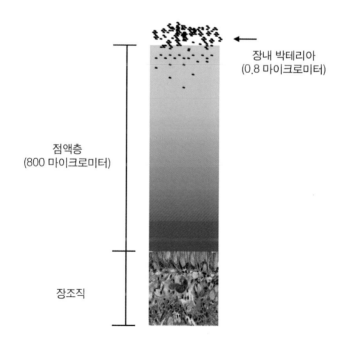

장내 박테리아
(0.8 마이크로미터)

점액층
(800 마이크로미터)

장조직

장조직 표면에 있는 세포는 뮤신을 분비하여 장 표면에 끈적한 점액층을 형성한다. 쥐의 경우, 점액층의 두께는 약 800 마이크로미터. 박테리아의 크기는 약 0.8 마이크로미터이므로 박테리아가 장조직 표면에 도달하려면 자기보다 약 1000배 두꺼운 점액층을 뚫어야 한다. 따라서 점액층은 미생물이 통과하기에는 너무나 두터운 장조직의 제1 방어벽이라 할 수 있다.

1. 장조직의 방어벽: 점액층과 상피세포

음식을 섭취하면 식도, 음식물을 소화하는 위, 소화된 음식물에서 영양분을 흡수하는 소장, 물을 주로 흡수하는 대장 그리고 항문을 통해 나머지가 배설된다. 이때 음식물은 장을 뚫고 체내에 들어오지 못한다. 물론 장에서 공생하고 있는 세균도 마찬가지이다. 그 이유는 제4장에서 언급한 바와 같이 피부 방어벽인 각질세포와 그를 지지해주는 지질층이 존재하는 것처럼 장 표면에도 상피세포와 점액층이 존재하여 방어벽이 형성되고, 이로 인해 외부로부터 침입을 효과적으로 막고 있다.

장 표면 상피세포 사이에 고블릿세포goblet cell 또는 파네쓰세포 paneth cell가 존재한다. 이들은 뮤신을 분비하여 장 표면에 끈적끈적한 점액층을 형성한다. 쥐의 경우 점액층의 두께는 약 800마이크로미터, 박테리아의 크기는 약 0.8마이크로미터이므로 박테리아가 장 표면에 도달하려면 자기보다 약 1,000배 두꺼운 점액층을 뚫어야 한다. 또한 점액층에는 박테리아를 공격하는 디펜신defensin이나 항체가 존재하기 때문에 뚫기가 더욱 어렵다.

점액층 바로 아래에 장 표면이 있고 상피세포가 촘촘히 붙어 있다. 세포와 세포 사이에 폐쇄연접tight junction이라는 단백질 띠가 부착되어 방어벽 역할을 한다. 또 상피세포는 미생물 인지 수용체pattern recognition receptors를 보유하여 미생물을 인지하고 디펜신과 같은 방어물질을 분비하여 그들을 제거한다. 이때 디펜신은 상피세포 아래에 대기하고 있는 각종 면역세포도 활성화시켜 외부 침략을 효율적으로 방어하는 데 일조한다.

┃ 장조직 제2 방어벽; 상피세포

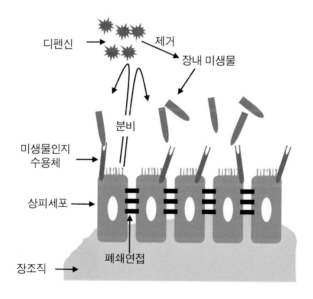

장조직의 제일 바깥 표면에 상피세포가 촘촘히 붙어 있고, 세포 사이에 폐쇄연접이라는 섬유성 단백질 띠가 부착되어 방어막 역할을 한다. 또 상피세포는 미생물인지 수용체를 보유하여 박테리아 등을 인지하고 디펜신과 같은 방어물질을 분비하여 그들을 제거한다. 이 들로 인해 장조직의 제2 방어벽이 구축된다.

2. 장조직의 방어벽 손상과 장내 세균 침투

만약 점액층 또는 상피세포가 환경적 또는 유전적 요인에 의해 손상되면 방어벽이 뚫려 미생물 또는 장내 독소가 체내로 유입된다. 점액층의 경우, 뮤신 또는 뮤신 분비에 관련된 유전자가 손상되어 뮤신이 적게 분비된다면 질 좋은 점액층이 제대로 형성되지 못한다. 또 병원균이 장내에 침투하여 뮤신을 분해하는 효소를 분비한다면 점액층은 손상 받게 된다. 상피세포도 환경이나 유전적 요인에 의해 손상 받을 수 있다. 폐쇄연접, 미생물 인지 수용체 또는 디펜신이 그 대표적 예이다. 일단 방어벽이 손상되면 장내 미생물은 체내로 쉽게 침투한다.

3. 면역계 이상

상피세포와 점액층 방어벽이 손상되면 장내 미생물은 체내에 침투하고, 그들이 몸에 유익한 미생물이라 할지라도 체내에 있는 수지상세포는 침투한 그들을 잡아먹고 제1형 또는 제2형 보조 T 세포를 활성화하여 추가 침투에 대비한다. 이때 제1형 또는 제2형 보조 T 세포 등이 지나치게 활성화되면 각각 크론병과 궤양성 대장염이 발생한다. 왜 이들이 지나치게 활성화되는지 또 왜 특이적으로 크론병이나 궤양성 대장염이 발생되는지 그 이유는 아직 밝혀지지 않고 있다. 그러나 비록 활성화되는 면역세포 종류는 다르지만 모두 만성염증을 야기하여 장조직 파괴를 유도한다.

4. 크론병 및 궤양성 대장염과 간엽줄기세포

크론병과 궤양성 대장염 발병에서 과다 활성화되는 면역세포가 서로 다르지만 과다 활성화된 면역세포는 만성염증을 유도하여 조직을 손상한다. 이런 이유로 두 질병 모두 주요 기존 치료는 면역억제제 이용이다. 상당히 완화될 수 있지만, 기존 치료에 반응을 하지 않거나 또는 재발하는 경우가 많다. 따라서 이를 극복할 수 있는 새로운 방법이 절실히 필요하다.

최근 크론병으로 발생된 누공을 치료하기 위해 수술은 물론 기존 치료에 잘 반응하지 않는 다수 환자를 대상으로 최근 간엽줄기세포를 이용하여 인간임상시험이 실시되었고 그 결과는 매우 만족스러워 대부분 누공이 아물어 완치되었다. 미국 간엽줄기세포 회사인 오시리스Osiris therapeutics는 간엽줄기세포로 크론병 치료제를 개발하기 위하여 성공적으로 제2상 인간임상실험을 마무리하였다. 현재 제3상 인간임상실험을 진행하고 있다. 조만간 시중에 시판될 것으로 판단된다. 궤양성 대장염 경우 또한 인간임상실험을 실시하고 있다. 간엽줄기세포의 강력한 면역억제 기능을 고려할 때, 조만간 좋은 인간임상실험 결과가 있으리라 예측한다. 간엽줄기세포는 신생혈관 생성과 조직재생에 필요한 인자도 다량 분비하기 때문에 앞으로 추가 연구가 이루어진다면 염증성 장질환 치료효과를 뒷받침하는 학문적 근거가 많이 밝혀지리라 판단된다.

┃ 크론병 및 궤양성대장염 발병과정

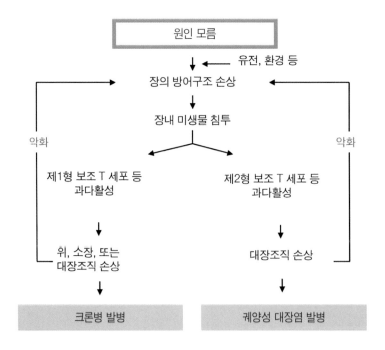

크론병과 궤양성 대장염은 자가면역질환으로 원인은 아직 밝혀지지 않았다. 크론병은 제1형 보조 T 세포 등이 과다 활성화되어 위, 소장, 또는 대장이 손상된다. 궤양성 대장염은 제2형 보조 T 세포 등이 과다 활성화되어 대장이 손상된다.

| 크론병 및 궤양성대장염에 대한 간엽줄기세포 약리효과

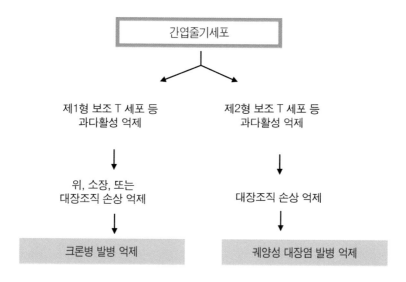

투여된 간엽줄기세포는 강력한 면역억제 기능을 발휘하여 각종 면역세포를 억제한다. 이로 인해 장조직 파괴가 억제되어 크론병과 궤양성 대장염 발병을 억제한다.

1) 염증성 장질환은 장점막 이상과 면역계 이상으로 만성염증이 야기되어 장조직이 손상되는 치료가 매우 어려운 장질환이다. 크론병과 궤양성 대장염이 포함된다.

2) 이 두 질환은 공통적으로 만성염증으로 인해 심한 경우 장조직이 파괴되며, 복통, 구토, 장출혈 그리고 체중감소 등을 동반한다. 그러나 발병 부위와 육안적 소견은 조금씩 다르다. 크론병의 경우 주로 위, 소장 또는 대장에 발생하고, 두터운 장조직을 꿰뚫는 염증이 발생한다. 매우 심할 경우, 항문 인근 조직까지 침투하여 조직을 괴사하고 누공이라는 구멍이 형성되어 변이 새어 나오는 변실금이 발생된다. 궤양성 대장염의 경우, 대장에서만 발병하고, 장점막 표면에만 주로 염증이 형성된다.

3) 장조직은 음식물과 장내 세균 침투를 억제하는 구조로 이루어져 있다. 첫째, 장 표면 상피세포 사이에 고블릿세포 또는 파네쓰세포는 뮤신을 분비하여 장 표면에 끈적끈적한 점액층을 형성하고 박테리아를 공격하는 디펜신이나 항체를 머금고 있어 좋은 방어벽 역할을 한다. 둘째, 점액층 바로 아래에 장 표면이 있고 상피세포가 촘촘히 붙어 있다. 상피세포 사이에 폐쇄연접이라는 띠가 부착되어 방어벽 역할을 한다. 상피세포는 미생물인지 수용체를 보유하여 미생물을 인지하고 디펜신과 같은 방

어물질을 분비하여 그들을 제거한다.

4) 점액층 또는 상피세포가 환경적 또는 유전적 요인에 의해 손상되면 방어벽이 뚫려 미생물 또는 장내 독소가 체내로 유입된다. 체내에 있는 수지상세포는 침투한 그들을 잡아먹고 제1형 또는 제2형 보조 T 세포를 활성화하여 추가 침투에 대비한다. 이때 제1형 또는 제2형 보조 T 세포가 지나치게 활성화되면 각각 크론병과 궤양성 대장염이 발생된다. 이유는 아직 밝혀지지 않고 있다. 그러나 비록 과다 활성화되는 면역세포 종류는 다르지만 모두 만성염증을 야기하여 장조직 파괴를 유도한다.

5) 두 질병 모두 주요 치료방법은 면역억제제 이용이다. 상당히 완화할 수 있지만, 기존 치료에 반응을 하지 않거나 재발하는 경우가 많다.

6) 간엽줄기세포를 이용하여 크론병으로 발생된 누공을 치료하는 인간임상시험이 실시되었고 대부분 누공이 아물어 완치되었다. 미국 간엽줄기세포 회사인 오시리스는 크론병 치료제로서 제2상 인간임상실험을 마무리하였고 현재 제3상 인간임상실험을 진행하고 있다. 조만간 시중에 시판될 것으로 예측한다. 궤양성 대장염 경우 또한 인간 임상실험을 실시하고 있다. 간엽줄기세포의 강력한 면역억제 기능을 고려할 때, 조만간 좋은 인간임상실험 결과가 있으리라 예측한다.

전신 홍반성 루푸스와 간엽줄기세포

2010년 말 어려운 이웃에게 희망과 행복을 전도하던 어느 한 공인이 루푸스라고 하는 전신 홍반성 루푸스 질환의 통증을 이기지 못해 자살했다는 사건이 언론에 보도되었다. 이 사건으로 희귀 질환인 루푸스가 세상에 소개되기 시작했다. 루푸스는 간단히 말해 자가항체 공격으로 신체 여러 조직이 손상되어 생기는 자가면역 질환이다. 피부 공격으로 인해 환자 피부에 생기는 홍반은 늑대에 물려 생긴 자국과 비슷하다고 해서 이 질환을 라틴어로 '늑대'의 뜻이 포함되어 있는 루푸스라고 명명되었다.

일반적으로 항체는 외부 침입자를 인지하고 공격하여 자신을 보호하는 데 사용되지만, 우리 몸을 적군으로 오인하여 공격하면 루푸스 질환과 같은 자가면역 질환이 발병된다. 자가항체가 공격하는 신체 부위는 환자에 따라 다르다. 피부, 신장, 관절, 신경계, 폐 또는 심장 등 매우 다양하다. 이런 이유로 질환 증상은 공격 부위에 따라 매우 다양한 양상을 띤다. 만약 신장과 같은 중요한 장기를 공격한다면 질환 증상에 대한 심각성은 매우 클 것이지만 다행히 피부에만 문제를 야기한다면 그리 큰 문제가 되지 않을 수도 있다.

우리나라의 실제 환자 수는 1만 명 안팎으로 추정되는 희귀 질환이고 여성 발병률이 남성에 비해 약 9배 더 높다. 원인은 환경, 유전, 호르몬 등 복합적 요인에 의해 발병하는 것으로 추정하고 있으나 이들에 대한 상호작용을 포함한 병인 기전은 아직 밝혀지지 않고 있다.

루푸스 발병 과정

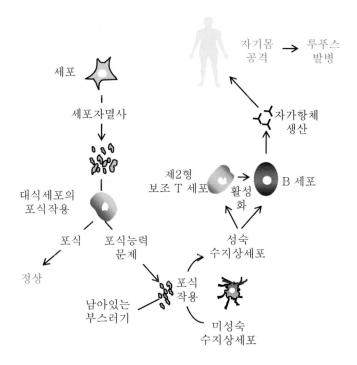

원인은 아직 밝혀지지 않았다. 루푸스 환자의 대식세포는 포식작용에 문제가 있어 세포자멸사로 인해 발생된 세포 부스러기를 말끔히 치워 먹지 못한다. 수지상세포가 남아 있는 부스러기를 포식하

고, 제2형 보조 T 세포와 B 세포 등을 활성화하여 자가항체 분비를 유도한다. 자가항체는 자기 몸 여러 부위를 공격한다. 결국 루푸스가 발병한다.

1. 발병 과정

우리 몸을 구성하는 세포는 태어나면 어느 시점에 반드시 죽는다. 제2장에서 언급한 세포자멸사이다. 세포가 죽으면 그것으로 끝나 그냥 버려지는 것은 아니다. 우리 몸도 공간 이용의 효율성을 위해 그리고 깔끔하게 마무리하기 위해 대식세포가 말끔히 먹어 없애 버린다. 포식작용이다. 우리 몸에서 태어나 죽는 세포 수는 엄청나다. 한 예를 들어보자. 면역세포인 호중구는 골수에서 하루 천억 개 생성되고 혈액에서 약 16시간 살며 곧 죽는다고 알려져 있다. 모든 종류의 세포자멸사를 고려할 때 엄청나게 많은 세포 부스러기가 양산될 수 있으리라 판단된다. 만약 죽은 세포 부스러기가 효율적으로 제거되지 못하면 우리 몸에 큰 탈이 날 수 있을 것이라 쉽게 예측할 수 있다. 왕성한 대식세포의 포식작용에 정말로 감사해야 할 것이다.

루푸스 환자의 경우, 대식세포의 포식작용에 문제가 발생되어 죽은 세포를 말끔하게 먹어 치워버리지 못한다. 그 결과 체내에는 죽은 세포의 부스러기가 남게 되고 불행하게도 면역세포인 수지상세

포는 유전정보를 담고 있는 핵산DNA과 같은 부스러기를 포식하고
면역반응을 일으킨다. 이어서 수지상세포는 항체생산 세포인 B 세
포를 활성화하고 핵산에 대한 자가항체를 만든다. 핵산 이외에도
여러 세포 부위를 공격하는 자가항체가 만들어지는 것으로 알려져
있다. 현재 적게는 약 40개, 많게는 약 2,000개의 서로 다른 종류의
자가항체가 만들어진다고 알려져 있다. 따라서 죽은 세포가 신경세
포이면 신경계를, 죽은 세포가 피부세포이면 피부를 공격하는 자가
항체가 만들어진다. 이런 이유로 루푸스 환자마다 서로 다른 루푸
스 병변을 관찰하게 된다.

┃루푸스 주요 호발 부위

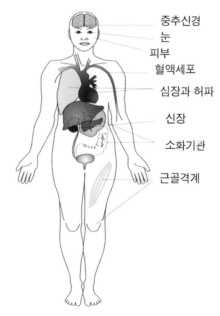

자료출처: 미국 국립 보건연구원 (National Institute of Arthritis and
Musculoskeletal and Skin Diseases , National Institutes of Health)

루푸스 경우, 적게는 약 40 개, 많게는 약 2000개의 서로 다른 종류의 자가항체가 만들어 진다고 알려져 있다. 죽은 세포가 신경세포이면 신경계를, 피부세포이면 피부를 공격하는 자가항체가 만들어진다. 이런 식으로 우리 몸의 여러 부위를 공격하는 자가항체가 만들어 진다. 루푸스 환자마다 서로 다른 루푸스 병변이 관찰되는데, 그 이유는 바로 이 때문이다.

2. 루푸스 환자가 햇볕에 약한 이유

대다수 루푸스 환자는 햇볕에 매우 민감하다. 따라서 화창한 날에 피부 보호 없이 외출하면 피부의 홍반이 악화되곤 한다. 그 이유는 햇볕에 있는 자외선 때문이다. 자외선은 각질세포를 손상하여 죽인다. 죽은 각질세포는 대식세포에 의해 즉각 처리되어야 하는데 루푸스 환자의 경우 그렇지 못하다. 그 뒤를 이어 수지상세포가 처리되지 못한 각질세포 부스러기를 인지하여 또 면역반응을 일으키거나 이미 존재하는 자가항체가 죽은 각질세포 부스러기를 인지하여 증상을 더 악화시키는 방향으로 진행하기 때문이다.

3. 기존 치료법

루푸스는 다양한 증상을 동반하는 자가면역 질환이다. 현재 루푸스의 10년 생존율은 적게는 70%, 많게는 90% 정도로 알려져 있다. 생명에 위협을 주지 않는다면 간단한 면역억제제로 치료되고 있지만, 만약 중요한 장기를 손상하여 생명에 위협을 줄 수 있는 경우에는 지속적이며 고단위의 면역억제제를 이용하여 합병증 발생을 최대한 억제하는 방향으로 치료된다.

기존 면역억제제에 반응을 보이지 않고, 재발되어 계속 악화되는 방향으로 질환이 진행되는 경우가 있다. 이럴 경우, 질환 자체의 원인을 원천적으로 제거할 수 있는 방법이 개발된다면 더할 나위 없이 좋지만 현실은 그러하지 못하다. 그러나 기존 면역억제제보다 효과적인 약제가 개발된다면 질환의 진행과정을 최대한 억제하여 악화된 또는 악화하려는 루푸스 질환을 환자 평생 동안 치료 가능한 질환으로 유도할 수 있을 것이라 판단된다.

4. 전신 홍반성 루푸스와 간엽줄기세포

보다 효과적인 루푸스 치료를 위해 간엽줄기세포 연구가 최근에 이루어지기 시작하였고 몇몇 연구진은 인간을 상대로 좋은 임상연구결과를 발표하고 있고, 몇몇 연구진은 효과가 그리 만족스럽지 못하다는 연구결과를 발표하고 있다. 간엽줄기세포의 투여시점, 투여량, 투여 횟수 등이 최대 효과를 얻을 수 있는 관건이라 판단하기 때문에 이런 요소를 신중하게 고려한 추가 연구가 이루어진다면 앞으로 좋은 연구결과를 얻을 수 있으리라 판단된다. 간엽줄기세포의 강력한 면역억제 기능으로 인해 기존 치료제보다 병의 진행과정을 효과적으로 지연할 수 있을 것이라는 기대는 근거 없는 허망이 아니다. 학계에서 굳건하게 인정하는 간엽줄기세포의 약리 효과를 토대로 나오는 것이라는 것을 이 분야에 종사하는 대다수 학자가 쉽게 동의할 것이라 판단된다.

루푸스 신증은 자가항체가 신장을 공격하여 염증을 유발하고, 그로 인해 결국 신장이 파괴되는 질환이다. 생명을 위협할 수 있는 상황이다. '제5장 만성신장병과 간엽줄기세포'에서 다룬 바와 같이 간엽줄기세포를 진행초기에 가급적 빨리 투여 받는다면 기존 치료제보다 훨씬 좋은 효과를 얻을 수 있으리라 판단된다. 효과적인 면역억제와 염증억제는 물론, 손상된 신장조직이 재생될 수 있는 기반을 마련해 줄 수 있을 것이라 판단된다.

▌루푸스에 대한 간엽줄기세포 약리효과

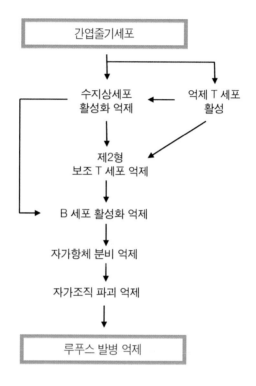

투여된 간엽줄기세포는 강력한 면역억제 기능을 발휘하여 수지상세포를 억제하고 동시에 억제 T 세포를 활성화하여 제2형 보조 T 세포를 억제한다. 그 결과 B 세포가 억제되어 자가 항체 분비가 억제된다. 결국 이로 인해 자가조직 파괴가 억제된다.

1) 루푸스라고 하는 전신 홍반성 루푸스 질환은 자가항체에 의해 신체 여러 조직이 손상되어 생기는 자가면역 질환이다.

2) 자가항체가 공격하는 신체 부위는 피부, 신장, 관절, 신경계, 폐 또는 심장 등 매우 다양하다. 이런 이유로 질환 증상은 공격 부위에 따라 매우 다양한 양상을 띤다.

3) 우리 몸을 구성하는 세포도 태어나면 어느 시점에 반드시 죽는다. 세포자멸사이다. 세포가 죽으면 대식세포가 말끔히 먹어 없애 버린다. 포식작용이다. 만약 포식작용에 문제가 발생하면 죽은 세포의 부스러기가 신체에 남게 된다. 수지상세포는 남아 있는 부스러기를 포식하고 면역반응을 일으켜 제2형 보조 T 세포와 B 세포를 활성화하고 자가항체 분비를 유도한다. 현재 적게는 약 40개, 많게는 약 2,000개의 서로 다른 종류의 자가항체가 만들어진다고 알려져 있다. 자가항체의 다양성 때문에 루푸스 환자마다 서로 다른 루푸스 병변을 관찰하게 된다.

4) 생명에 위협을 주지 않는다면 간단한 면역억제제로 치료되고 있지만, 만약 중요한 장기를 손상하여 생명에 위협을 줄 수 있는 경우에는 지속적이며 고단위의 면역억제제를 이용하여 합병증 발생을 최대한 억제하는 방향으로 치료된다. 기존 면역억제제

에 반응을 보이지 않고, 재발되어 계속 악화되는 방향으로 질환이 진행되는 경우, 보다 효과적인 약제가 개발되어야 한다. 이런 이유로 간엽줄기세포 연구가 최근에 이루어지기 시작했다. 간엽줄기세포의 강력한 면역억제 기능으로 인해 기존 치료제보다 병의 진행과정을 효과적으로 지연할 수 있을 것이라 판단되고, 투여시점, 투여량, 투여 횟수 등이 최대 효과를 얻을 수 있는 관건이라 판단하기 때문에 이런 요소를 신중하게 고려한 추가 연구가 이루어진다면 앞으로 좋은 연구결과를 얻을 수 있으리라 판단된다.

장마철에 도로 가로등의 전기 누전으로 감전사고가 종종 발생한다. 전선 피복이 손상되고 벗겨져 누전이 발생되는 것이다. 우리 신경계의 신경신호도 마찬가지이다. 제9장과 제10장에서 다룬 바와 같이, 우리 신경계는 신경세포로 구성되어 있다. 신경세포는 신경신호를 접수하는 가지돌기 그리고 신경신호를 그다음 신경세포로 전달하는 축삭을 가지고 있다. 신경신호는 축삭 안팎에 형성되는 나트륨 이온과 칼륨 이온 농도 차에 의해 생기는 매우 약한 전기로 형성된다. 이 전기신호가 축삭을 통해 잘 전달되기 위해서 축삭에 피복이 감겨져 있다. 수초이다. 만약 이 수초가 손상되면 신경신호인 전기신호가 누전되어 다음 신경세포로 효과적으로 전달될 수 없게 된다.

다발성 경화증은 우리 면역계가 수초를 공격하여 손상시키는 자가면역 질환이다. 수초가 손상되기 때문에 신경신호를 제대로 전달되지 못한다. 뇌, 척수 그리고 시신경과 같은 중추신경을 공격하며, 증상은 공격 부위에 따라 시각장애, 감각이상, 피로감, 균형감각, 통증 유발, 성기능장애, 운동장애 또는 자율신경계 이상 등 천차만별이다.

축삭과 수초

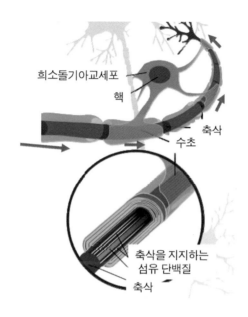

희소돌기아교세포

핵

축삭

수초

축삭을 지지하는
섬유 단백질

축삭

    다발성경화증은 면역계가 수초를 공격하여 파괴함으로서 생기는 자가면역질환이다. 신경세포의 축삭은 약한 전기로 이루어진 신경 신호를 전달하는 전선이다. 축삭에 수초라고 하는 피복이 감겨져 있어 신경신호가 축삭을 통해 잘 전달된다. 희소돌기아교세포가 수초를 만들어 여러 겹으로 수초를 휘감는다. 만약 이 수초가 손상되면 전기로 이루어진 신경신호가 누전되어 다음 신경세포로 효과적으로 전달될 수 없게 된다. 빨간색의 화살표는 축삭을 따라 지나가는 신경신호이다.

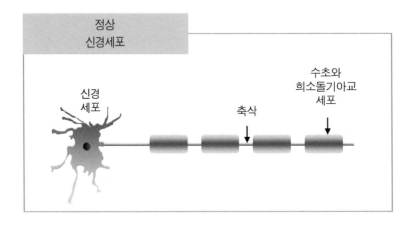

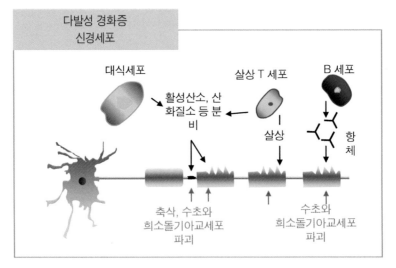

면역세포인 대식세포와 살상 T 세포는 활성산소와 산화질소 등을 분비하여 축삭, 수초, 그리고 희소돌기아교세포를 손상한다. 한편 살상 T 세포는 세포 살상 기능으로, B 세포는 항체를 분비하여

수초와 희소돌기아교세포를 손상한다. 파괴되지 않은 정상 신경세포가 제일 윗 그림에 묘사되어 있다.

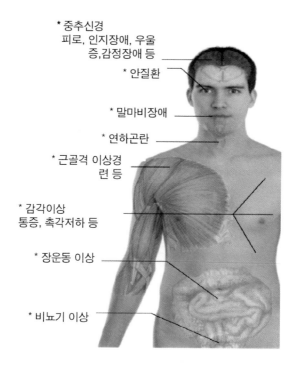

* 중추신경
피로, 인지장애, 우울증,감정장애 등

* 안질환

* 말마비장애

* 연하곤란

* 근골격 이상경련 등

* 감각이상
통증, 촉각저하 등

* 장운동 이상

* 비뇨기 이상

면역계는 뇌, 척수, 그리고 시신경과 같은 중추신경에 존재하는 신경세포의 수초 등을 공격하며, 증상은 공격 부위에 따라 시각장애, 감각이상, 피로감, 균형감각, 통증유발, 성기능장애, 운동장애, 또는 자율신경계 이상 등 천차만별이다.

 면역계가 수초를 공격하여 손상시키는 이유는 아직 밝혀지지 않고 있다. 다만 우리 몸에 침투한 미생물을 공격하기 위해 활성화된 면역세포가 수초를 미생물로 오인하여 공격한다는 이론이 존재한다. 예로 미생물에 있는 항원이 수초에 있는 단백질과 비슷하다면 면역세포는 수초를 적군으로 오인하여 공격하는 것이다. 그중 마이엘린 베이식 단백질myelin basic protein이 오인을 야기할 수 있는 좋은 예로 알려져 있다. 2011년 봄에 리비아 카다피 정권을 축출하려는 나토 연합군이 리비아 반군을 리비아 정부군으로 오인하여 폭격하였다는 신문기사를 읽은 적이 있다. 두 무리를 구분하는 것이 매우 어려웠을 것이라 판단된다.

 현재 살상 T 세포, 항체를 생산하는 B 세포 그리고 대식세포에 의해 수초가 파괴되는 것으로 알려져 있으며, 이들은 단순히 수초만 파괴하는 것이 아니라, 수초를 만들어 내는 희소돌기아교세포 그리고 신경신호를 전달하는 축삭까지 손상한다.

 다발성 경화증 진행과정도 증상과 마찬가지로 매우 다양하다. 진행하다가 완전히 회복되는 경우도 있지만 크게 4가지로 나눈다, 첫째, 증상이 악화되었다가 말끔히 회복된다. 이러한 과정이 되풀이된다. 이런 경우가 80~90% 정도. 둘째, 이러한 과정이 되풀이되다가 10~20년 이내에 악화되기 시작한다. 이런 경우가 첫 번째 경우의

50~90% 정도. 셋째, 처음부터 악화되어 점진적으로 더 악화되는 방향으로 진행하는 경우가 약 10% 정도. 넷째, 세 번째 경우와 비슷하지만, 중간 중간에 악화 정도가 더 심하게 나타나는 경우이다. 이 경우도 약 10% 정도이다. 서로 다른 양상으로 출발하지만 그리고 병 진행과정에 소요되는 시간이 서로 다를지 모르지만, 대부분 악화되는 방향으로 병이 진행된다는 것을 알 수 있다.

┃다발성 경화증 진행 형태

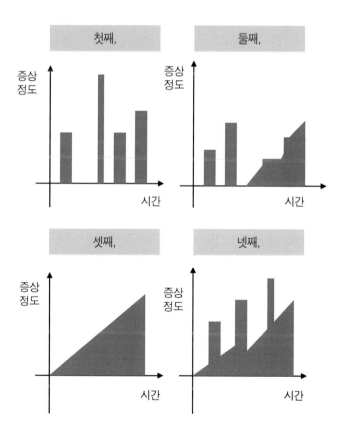

다발성 경화증 진행과정도 증상과 마찬가지로 매우 다양하다. 진행하다가 완전히 회복되는 경우도 있지만 크게 4 가지로 나눈다. 첫째, 증상이 악화되었다가 말끔히 회복된다. 이러한 과정이 되풀이된다. 둘째, 이러한 과정이 되풀이되다가 10-20년 이내에 회복됨 없이 계속 악화되기 시작한다. 셋째, 처음부터 악화되어 점진적으로 더 악화되는 방향으로 진행한다. 넷째, 세 번째 경우와 비슷하지만, 중간 중간에 악화 정도가 더 심하게 나타나는 경우이다. 서로 다른 양상으로 출발하지만 그리고 병 진행과정에 소요되는 시간이 서로 틀릴지 모르지만, 상당수 악화되는 방향으로 병이 진행된다는 것을 알 수 있다.

다발성 경화증 발병과정

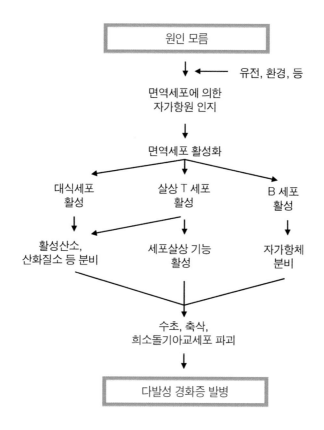

다발성경화증은 자가면역질환으로 원인은 아직 밝혀지지 않았다. 온갖 면역세포가 중추신경계에 존재하는 신경세포의 축삭, 수초, 그리고 희소돌기아교세포를 손상한다.

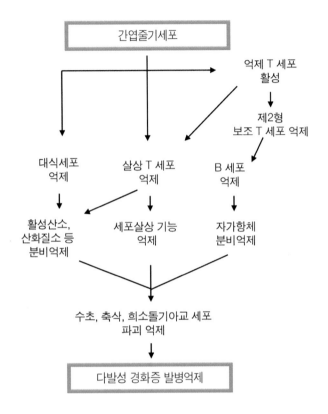

투여된 간엽줄기세포는 신경세포나 희소돌기아교세포로 거의 분화되지 않는다. 그러나 간엽줄기세포는 강력한 면역억제 기능을 발휘하여 온갖 면역세포를 억제하고, 이로 인해 신경세포의 축삭, 수초, 그리고 희소돌기아교세포의 손상을 억제한다.

2. 기존 치료법

다발성 경화증의 주요 치료제인 면역억제제는 병의 진행과정을 어느 정도 지연하는 효과를 줄 수 있지만 결국 수초와 축삭이 손상되는 방향으로 병이 진행된다. 손상된 수초와 축삭을 재생하는 또는 손상을 억제하는 효과적 약제는 존재하지 않으므로 결국 병이 진행되면 될수록 수초와 축삭 손상에 의한 장애 정도는 더 커질 수밖에 없다. 따라서 보다 효과적인 약제가 개발되어야 하다는 것이 관련 학계의 염원이다.

3. 다발성 경화증과 간엽줄기세포

다발성 경화증 치료를 위한 기존 치료법의 한계를 극복하기 위해 간엽줄기세포 사용에 대해 많은 연구가 이루어졌다. 물론 병 자체의 원인을 원천적으로 제거할 수는 없지만 기존의 약제보다 훨씬 좋은 약효가 있음이 밝혀져 왔다. 첫째, 투여된 간엽줄기세포가 수초를 만들어내는 희소돌기아교세포로 분화할 수 있는지에 대해서는 아직 논란이 있다. 따라서 추가 연구가 필요한 상태이다. 둘째, 체내에 존재하는 희소돌기아교 전구세포를 활성화하는 동시에 손상된 희소돌기아교세포가 죽는 것을 억제하며, 수초 및 축삭손상도 억제한다. 셋째, 간엽줄기세포의 강력한 면역억제 기능으로 인해 병의 진행과정을 효과적으로 지연할 수 있다.

현재 미국, 영국 그리고 이스라엘을 포함한 세계 여러 나라에서 인간임상실험을 실시하고 있다. 조만간 좋은 인간임상실험 결과가 있으리라 예측한다. 일반적으로 질병에 의해 생체조직 손상은 쉽게 이루어진다. 그러나 일단 손상된 생체조직은 복구가 그리 쉽지 않다. 따라서 다발성 경화증 또한 가능한 초기에 간엽줄기세포를 투여 받으면 더 많은 효과를 얻을 수 있으리라 판단된다. "소 잃고 외양간 고친다"는 속담이 생각난다.

4. 요점

1) 신경세포는 축삭을 통해 신경신호를 그다음 신경세포로 전달한다. 신경신호는 매우 약한 전기로 만들어지며 효과적 전달을 위해 축삭에 수초라고 하는 피복이 감겨져 있다. 만약 이 수초가 손상되면 전기신호가 누전되어 신경신호가 효과적으로 전달될 수 없게 된다. 다발성 경화증은 우리 면역계가 수초를 공격하여 손상시키는 자가면역 질환이다. 중추신경을 공격하며, 증상은 공격 부위에 따라 시각장애, 감각이상, 피로감, 균형감각, 통증유발, 성기능장애, 운동장애 또는 자율신경계 이상 등 천차만별이다.

2) 다발성 경화증 진행과정은 증상과 마찬가지로 매우 다양한 양상을 띤다. 그러나 대부분 악화되는 방향으로 병이 진행된다. 면

역억제제는 병의 진행과정을 어느 정도 지연하는 효과를 줄 수 있지만 결국 수초와 축삭이 손상되는 방향으로 병이 진행된다.

3) 기존 치료법의 한계를 극복하기 위해 간엽줄기세포 사용에 대해 많은 연구가 이루어졌다. 기존의 약제보다 훨씬 좋은 약효가 있음이 밝혀져 왔다. 첫째, 체내에 투여된 간엽줄기세포가 수초를 만들어 내는 희소돌기아교세포로 분화할 수 있는지에 대해서는 아직 논란이 있다. 둘째, 체내에 존재하는 희소돌기아교전구세포를 활성화하는 동시에 손상된 희소돌기아교세포가 죽는 것을 억제하며, 수초 및 축삭손상도 억제한다. 셋째, 간엽줄기세포의 강력한 면역억제 기능으로 인해 병의 진행과정을 효과적으로 지연할 수 있다. 현재 세계 여러 나라에서 인간임상실험을 실시하고 있다. 조만간 좋은 인간임상실험 결과가 있으리라 예측한다.

이식편대숙주 질환과 간엽줄기세포

조혈모세포는 모든 혈액세포로 분화 가능한 일종의 성체 줄기세포이다. 산소를 운반하는 적혈구는 물론 우리 면역계의 중추적 역할을 하는 면역세포인 백혈구도 만들어진다. 그런데 백혈구가 무한히 증식하는 경우가 발생하는데 이것이 혈액암의 일종인 백혈병이다.

요즈음 의술이 매우 발달하여 환자의 병든 백혈구를 제거하고 타인의 건강한 조혈모세포를 이식받아 백혈병은 고칠 수 있다. 과거에는 골수에서 조혈모세포를 얻었기 때문에 골수이식이라 표현하였는데, 지금은 말초혈액 또는 제대혈에서도 얻을 수 있기 때문에 조혈모세포 이식이라 한다.

물론 타인의 조혈모세포를 이식받을 경우, 공여자와 환자의 주조직적합성 항원MHC: major histocompatibility complex이 일치하는지 따져야 한다. 공여자의 조혈모세포에 포함되어 있는 공여자 T세포는 환자의 주조직적합성 항원을 인지하고 자기 것과 일치하지 않으면 공격하여 이식 후 환자의 생명을 위협할 수 있기 때문이다. 제19장에서 언급될 주조직적합성 항원이 서로 일치할 확률이 매우 낯기 때문에 현실적으로 일치하는 공여자를 찾기가 쉽지 않다. 전문가 판단에 의해 주조직적합성 항원이 어느 정도 일치하면 이식이 시행되고, 면역억제제를 이용하여 불일치에 의해 발생되는 문제를 최소화한다.

1. 이식편대숙주 질환이란?

조혈모세포를 이식받기 전에 병든 암세포를 화학요법이나 방사선 요법으로 죽인다. 물론 환자 면역세포도 죽여야 한다. 그 이유는 이식되는 건강한 조혈모세포가 환자 면역세포에 의해 공격을 받을 수 있기 때문이다. 이 과정이 끝나고 타인의 건강한 조혈모세포가 이식되어 환자 골수에 생착되면, 생착된 조혈모세포는 다시 흉선으로 이동하여 T 세포로 분화하고, 골수에서는 B 세포로 성숙하여 비장이나 림프절로 이동하여 대기한다. 이렇게 환자의 건강한 면역계가 다시 구축된다.

그러나 이식 후 문제가 적지 않게 발생한다. 이식되는 조혈모세포에는 공여자의 T 세포가 의도적 또는 우연히 포함되어 있기 때문이다. 사실상 공여자의 T 세포는 환자에 잔존하는 암세포를 죽이는 데 기여하고 면역능력이 거의 제로 상태인 환자의 미생물 감염을 억제하는데 많은 도움을 준다. 이렇게 이점도 있지만 환자를 남으로 인식하여 공격한다. 이로 인해 치명적인 결과를 낳기도 한다. 일종의 거부반응이다. 공여자가 환자를 거부하는 것이다. 굴러 들어온 돌이 박힌 돌을 뽑아내려는 것과 비슷한 경우이다. 이것이 이식편대숙주 질환graft-versus-host disease이다. 이식편은 이식되는 타인의 조혈모세포이고 숙주는 환자를 의미한다. 매우 흥미로운 것은 주조직적합성 항원이 100% 일치하여도 이식 후 100일 이내 30~60% 정도 급성 이식편대숙주 질환이 발생한다. 주로 피부, 간 또는 소화 기관을 공격한다. 이때 면역억제제가 주 치료제이다. 또 이런 경우도 존재한다. 이식 후 아무 이상이 없다가 100일 이후에 또는 급성 이식편대숙주 질환이 악화되어 만성으로 전환된다. 만성의 경우 보통 2~3년간 또는 심한 경우 7년 이상 면역억제제를 투여한다.

▌공여자 조혈모세포와 T 세포 운명, 그리고 이식편대숙주 질환 발병과정

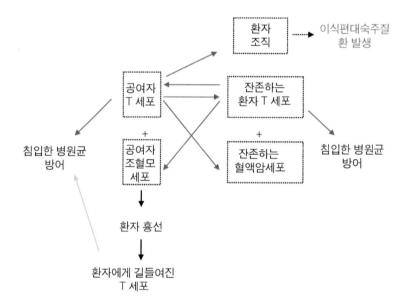

주조직적합성 항원이 일치하는 공여자의 조혈모 세포를 이식 받기 전에 환자의 암세포를 화학요법이나 방사선 요법으로 제거한다. 그리고 환자 면역세포도 제거한다. 그 다음 공여자의 조혈모 세포를 이식한다. 그러나 이식 후 문제가 적지 않게 발생한다. 이식되는 조혈모 세포에는 공여자의 T 세포가 포함되어 있기 때문이다. 사실상 공여자의 T 세포는 환자에 잔존하는 혈액 암세포를 죽이는데

기여하고 환자의 미생물 감염을 억제하는데 도움을 주지만 환자를 남으로 인식하여 공격한다. 이것이 이식편대숙주 질환이다. 공여자 T 세포는 환자에 이식된 후 수개월에서 수년간 생존하는 것으로 알려져 있다. 따라서 이 T 세포가 죽을 때까지 이식편대숙주 질환이 야기될 가능성이 있다고 봐야 한다. 한편 조혈모세포는 환자의 골수와 흉선으로 이동하여 환자에게 길들여진다. 길들여진 T 세포는 환자를 공격하지 않고 환자의 면역기능에 일조를 한다.

2. 주조직적합성 항원 일치에도 이식편대숙주 질환 발생 가능

주조직적합성 항원이 100% 일치하여도 이식편대숙주 질환이 발생할 수 있다. 그 이유는 무엇일까? 사실상 주조직적합성 항원뿐만 아니라 부조직적합성 항원minor histocompatibility complex도 존재하여 약한 거부반응을 일으킨다. 이것만이 아니다. 제2장에서 언급한 세포간의 소통 방법 중 하나인 사이토카인 인자와 같은 단백질은 각 개인마다 상당히 많은 다형성polymorphism이 존재한다. 즉, 공여자 것과 환자 것이 많이 다르다는 것이다. 또 공여자와 환자의 유전자는 단일염기 다형성single nucleotide polymorphism 등으로 인해 조금씩 다르다. 따라서 조금씩 다른 유전자를 토대로 발현되는 단백질은 조금씩 다를 수밖에 없다. 따라서 공여자의 T 세포는 이런 차이점을 모두 인지하여 환자를 공격할 수 있다. 매우 어려운 개념이다. 이런 이유 때문에 설령 주조직적합성 항원이

100% 일치한다 하더라도 임상의사는 이식 후 이식편대숙주 질환이 발생하는지에 대해 항상 조심한다. 만약 주조직적합성 항원이 부분 일치할 경우에도 이식이 이루어지는데, 이때 이식편대숙주 질환 발생률과 증상의 심각성이 더욱 커질 가능성이 있다.

┃ 주조직적합성 항원이 일치하여도 이식편대숙주 질환이 발병할 수 있는 이유

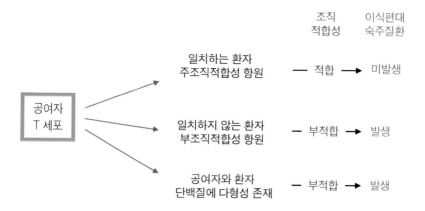

주소직적합성 항원이 일치하여도 이식편대숙주 질환이 발생할 가능성이 있다. 사실상 주조직적합성 항원뿐만 아니라 부조직적합성 항원도 존재하여 어느정도 거부반응을 일으킨다. 또 각 개인마다 만들어지는 단백질은 조금씩 다형성이 존재한다. 즉 공여자 것과 환자 것이 조금씩 다르다는 것이다. 따라서 공여자의 T 세포는 이런 차이점을 모두 인지하여 환자를 공격한다. 만약 주조직적합성 항원이 일치하는 조혈모 세포가 없을 경우, 부분 일치하는 것도 이

식이 될 수 있는데, 이때 이식편대숙주 질환 발생률과 증상의 심각성은 일치하는 그 것보다 더욱 클 가능성이 있다.

3. 이식된 공여자 조혈모세포와 T 세포 운명

주조직적합성 항원이 일치하는 공여자의 조혈모세포는 골수에 생착하고 환자 흉선으로 이동하여 T 세포로 분화된다. 흉선은 갑상선 아래 그리고 심장 윗부분에 존재한다. 사실상 흉선은 논산훈련소나 마찬가지이다. 논산훈련소는 젊은이들이 입소하여 기본 군사훈련 과정을 거친 후 나라를 지키는 늠름한 군인이 되는 장소이다. 흉선도 마찬가지이다. 골수에 있는 조혈모세포가 흉선으로 이동하여 일정 훈련을 거친 후 T 세포로 분화된다. 그리고 다행스럽게도 분화된 T 세포 중에 환자를 공격할 가능성이 있는 T 세포는 모두 제거된다. 여기서 훈련받고 살아남은 T 세포는 흉선을 퇴소하여 환자를 공격하지 않고 환자 면역능력에 일조하게 된다. 공여자의 조혈모세포가 이러한 과정을 거쳐 환자의 면역능력을 완전히 복구하기 위해서는 적어도 2년이 걸리는 것으로 알려져 있다.

조혈모세포 이식 때 포함된 공여자 T 세포는 공여자 흉선에서 훈련을 받았기 때문에 환자를 적으로 인지한다. 여기서 어떤 T 세포는 환자에 이식된 후 수개월밖에 생존하지 않지만 어떤 T 세포는 수년간 생존한다. 따라서 이 세포가 죽을 때까지 수년간 이식편대숙주 질환이 야기될 가능성이 있다고 보아야 한다. 가능한 빨리 환자 흉선에서 훈련받은 공여자 T 세포가 환자 몸에 채워지길 희망한다.

▌이식편대숙주 질환에 대한 간엽줄기세포 약리효과

투여된 간엽줄기세포는 강력한 면역억제 기능을 발휘하여 공여자의 T 세포를 억제한다. 이로 인해 환자의 조직손상 억제를 유도하여 이식편대숙주 질환 발병을 억제한다.

4. 기존 치료법

공여자 T 세포에 의해 이식편대숙주 질환이 발생됨을 알았다. 물론 강력한 면역억제제를 투여해 공여자 T 세포 기능을 억제하고, 이로 인해 이식편대숙주 질환의 증상을 억제할 수 있지만, 너무 강하게 억제하면 앞에서 언급한 바와 같이 잔존한 암세포를 죽이지 못해 암이 재발될 수 있고, 또 미생물 감염을 억제하지 못할 수 있다. 이때 면역억제 치료는 '뜨거운 감자'와 같아 삼켜 버릴 수도' 뱉어 버릴 수도 없는 매우 난처한 상황이 발생할 수 있다. 임상의사가 상황을 종합적으로 고려하여 현명한 판단을 내려야 할 시점이라 판단된다.

일단 이식편대숙주 질환 증상이 심하면 합병증에 의해 생명을 잃을 수도 있기 때문에 면역억제제인 고용량의 스테로이드 제제를 사용한다. 여기에 반응을 하지 않을 경우, 이차적으로 다른 종류의 면역 억제제를 사용하는 경우가 있지만, 모든 종류의 면역억제제에 결국 반응하지 않을 경우, 환자 생명에 심각한 위험을 초래할 수 있다.

5. 이식편대숙주 질환과 간엽줄기세포

스웨덴 카롤린스카 연구소에서 근무하는 르블랑LeBlanc 등은 학계에서 처음으로 이식편대숙주 질환을 치료하는 간엽줄기세포에 대해 2004년 임상연구 논문을 발표하였다(Lancet, 363권, 1439~41 쪽). 비혈연 여성 공여자로부터 주조직적합성 항원이 일치하는 조혈모세포를 이식받은 아홉 살 된 남자 어린아이가 4등급인 생명을 위협하는 급성 이식편대숙주 질환을 앓고 있었다. 기존의 모든 면역억제제에 반응을 하지 않았기 때문에 마지막으로 강력한 면역억제 기능이 있는 간엽줄기세포를 투여하였다. 결과는 대성공. 치명적인 이식편대숙주 질환 증상이 말끔히 없어진 것이다. 그 당시 그 병원에 간엽줄기세포를 투여 받지 않은 4등급 환자가 24명 더 있었는데 모두 사망하였다. 간엽줄기세포의 치료효과가 더욱 부각되는 상황이었다.

현재까지 전 세계적으로 많은 인간임상실험이 실시되었고 치료효율이 기존 면역억제제보다 매우 좋다는 것이 밝혀졌다. 최근에는 만성 이식편대숙주 질환 치료에도 적용하려는 인간임상실험이 실시되고 있고, 더 나아가 심장, 간 또는 신장 장기이식 거부반응에도 적용하려고 많은 임상연구를 하고 있다. 조만간 간엽줄기세포가 조혈모세포를 포함한 모든 장기이식 거부반응 문제를 보다 효과적으로 해결하여 많은 생명을 구할 수 있으리라 판단된다. 이제 간엽줄기세포의 약리효과 중 하나인 면역억제 기능을 간과하여 간엽줄기세포 효능을 무조건 푸대접한다면 생명과학을 연구하는 의과학자 또는 간엽줄기세포에 대해 국가정책을 수립하는 입법자, 더 나아가 난치성질환으로 인해 생명의 위협을 받는 환자 모두 불행해질 것으로 판단된다.

1) 혈액세포인 백혈구가 무한히 증식하면 암의 일종인 백혈병이 생긴다. 조혈모세포는 모든 혈액세포로 분화 가능한 일종의 성체줄기세포이기 때문에 타인의 건강한 조혈모세포 이식으로 백혈병을 치료할 수 있다.

2) 이식 후 거부반응을 최소화하기 위해 공여자와 환자의 주조직적합성 항원의 적합성에 대해 조사한다. 적합할수록 예후는 좋다.

3) 이식되는 조혈모세포에는 공여자의 T 세포도 의도적 또는 우연히 포함된다. 공여자 T 세포는 환자를 남으로 인식하여 공격한다. 이로 인해 치명적인 결과를 낳기도 한다. 이것이 이식편대숙주 질환이다.

4) 주조직적합성 항원이 100% 일치한다 하더라도 이식편대숙주 질환이 발생할 수 있다. 주조직적합성 항원뿐만 아니라 부조직적합성 항원도 존재하여 약한 거부반응을 일으키기 때문이다. 또 조직적합성 항원 뿐만 아니라 일반 단백질에도 각 개인마다 조금씩 다르다. 따라서 공여자의 T 세포는 이런 차이점을 모두 인지하여 환자를 공격할 수 있다. 주조직적합성 항원이 부분 일치하여 이식이 이루어지는 경우, 이식편대숙주 질환 발생률과 증상의 심각성은 더욱 높아질 것이라 판단된다.

5) 이식편대숙주 질환 증상이 심하면 합병증에 의해 생명을 잃을 수도 있기 때문에 면역억제제인 고용량의 스테로이드 제제를 사용한다. 만약 반응을 하지 않을 경우 이차적으로 다른 종류의 면역 억제제를 사용할 경우가 있지만, 모든 종류의 면역억제제에 전혀 반응하지 않을 경우, 환자 생명에 심각한 위험을 초래할 수 있다.

6) 기존 약제에 대한 한계를 극복하기 위하여 강력한 면역억제 기능이 있는 간엽줄기세포를 이식편대숙주 질환 환자에게 투여하기 시작하였다. 현재까지 전 세계적으로 많은 인간임상실험이 실시되었고 치료효율이 기존 면역억제제보다 매우 좋다는 것이 밝혀졌다. 최근에는 만성 이식편대숙주 질환 치료에도 적용하려는 인간임상실험이 실시되고 있고, 심장, 간 또는 신장 장기이식 거부반응에도 적용하려고 많은 임상연구를 시도하고 있다. 조만간 간엽줄기세포 투여로 조혈모세포 이식을 포함한 모든 장기이식 거부반응 문제를 보다 효과적으로 해결하여 많은 생명을 구할 수 있으리라 판단된다.

제3부

간엽줄기세포에 대한
사회적 편견과 논란

핵자기공명 기법을 이용하여 인간의 뇌에
존재하는 축삭 다발인 신경섬유를 묘사한 사진

자료제공: Thomas Schultz (Creative Commons Attribution-SA)

배아줄기세포는 양면성이 있다. 성체줄기세포와는 달리 무한히 증식할 수 있다는 장점과 거의 모든 종류의 세포로 분화될 능력이 있는 세포로 잘 알려져 있다. 그러나 월등한 증식력 때문에 생체에 투여한 후 암세포로 변할 가능성이 있다. 이 단점은 배아줄기세포가 임상적용에 보편화하기 위해 풀어야 할 큰 난제 중 하나이다. 지금부터 성체줄기세포인 간엽줄기세포와 암 발생 관련성에 대해 알아보자.

1. 간엽줄기세포가 암세포로 변한다는 주요 연구결과 번복

2009년 노르웨이, 룩셈부르크 그리고 독일 공동 연구진인 로슬 랜드Rosland 등은 장기간 배양된 골수 간엽줄기세포를 생체에 투여하였을 때, 암세포로 변할 수 있다는 연구결과를 암연구 권위지 중 하나인 「암연구Cancer Research 저널」에 발표하였다(69권, 5331~9쪽). 사실상 이 연구는 학계에서 매우 의미 있는 연구로 간주되었다. 그 이유는 첫째, 암 연구자의 학문적 호기심을 풀어 주고, 둘째, 간엽줄기세포가 임상에 사용된다면 매우 제한적이며 주의하여 사용하여야 한다는 점을 일깨워 주기 때문이다. 따라서 이 논문은 간엽줄기세포가 암세포로 발생될 수 있다는 것을 주장하는 곳에는 반드시 인용되었다. 그러나 2010년, 불행 중 다행히 동일 연구진은 동일 저널에 자신들이 2009년 발표한 연구결과에 잘못이 있었다고 시인하였다(70권, 6393~6쪽). 연구에 사용된 간엽줄기세포는 다른 종류의 암세포가 오염되었고, 오염된 암세포 때문에 마치 간엽줄기세포가 암세포로 변하는 것처럼 보였다는 것이다. 연구진은 더 나아가 이런 종류의 연구가 발표될 경우, 해프닝을 방지하기 위해 반드시 사용된 세포의 신원을 밝힐 수 있는 핵산지문DNA Fingerprint 실험결과가 반드시 첨부되어야 한다고 강조하였다. 그리고 현재 유사 종류의 논문이 몇 개 발표되었는데 핵산지문 실험결과가 없기 때문에 발표된 실험결과의 신뢰에 대해 매우 조심하라는 것까지 당부하였다.

간엽줄기세포의 암세포화? No!

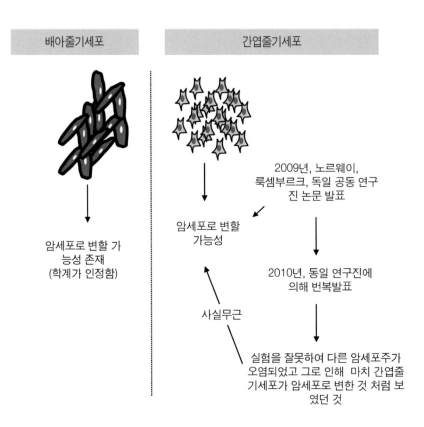

배아줄기세포는 생체에 투여되었을 때 암세포로 변할 가능성이 있다. 간엽줄기세포의 경우, 2009년, 로슬랜드 등은 생체 밖에서 장기간 배양된 골수 간엽줄기세포를 생체에 투여하였을 때, 암세포로 변할 수 있다는 연구결과를 발표하였으나, 2010년, 이 연구진들은 자신들이 발표한 연구에 잘못이 있었다고 시인하였다.

2. 간엽줄기세포가 기존 암세포의 증식을 제어할 가능성

2010년 11월 5일 금요일 MBC 저녁 뉴스에 보도된 줄기세포 논란 특종보도에서 "줄기세포는 암을 유발할 수 있다"라고 해서 또 한 차례 난리가 난 적이 있었다. 그 근거를 추적해 본다면 앞에서 소개한 해프닝 논문도 있지만, 간엽줄기세포와 암세포를 동시에 실험동물에 투여하였을 때, 암세포 증식을 돕는다는 연구이다. 하지만 이에 반하는 연구결과도 많이 존재한다. 2010년 클로프Klopp 등은 간엽줄기세포의 암세포 증식에 미치는 영향에 대해 발표된 연구논문을 종합 분석하여 발표하였다(Stem Cells. 29권, 11~19쪽). 그 조사에 의하면, 암 세포 증식을 돕는다는 실험동물 연구논문이 11개 발표되었으며, 이에 반하는 연구결과, 즉 암 세포 증식을 억제한다는 실험동물 연구논문은 12개 발표되었다. 상반된 연구결과 발표 이유에 전문가들조차도 현재로선 해석이 분분할 것으로 판단된다. 이러한 상황은 아직 연구가 더 필요하다는 것을 의미한다. 학계는 더 많은 연구를 하고 결국 합의점을 도출할 것이다. 그때까지 자기가 주장하는 논리에 유리한 몇몇 편의 논문결과만을 언급하고 전체를 판단하여 대중의 혼란과 우려 야기를 자제하여 주길 바랄 뿐이다.

현재 간엽줄기세포를 이용하여 전 세계적으로 많은 임상실험이 실시되고 있는 이때, 공식적으로 간엽줄기세포의 암 발생 또는 암세포 증식을 돕는다는 임상 연구결과는 아직 발표된 것이 없는 것으로 판단된다.

| 간엽줄기세포의 이웃 암세포 증식 촉진 또는 억제

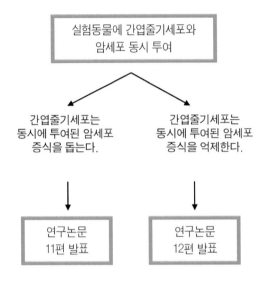

2010년, 클로프 등이 조사한 결과에 의하면 간엽줄기세포가 암세포 증식을 돕는다는 실험동물 연구논문이 2010년까지 11개 발표되었으며, 이에 반하는 연구 결과, 즉, 암세포 증식을 억제한다는 실험동물 연구논문은 12개 발표된 것으로 밝혀졌다.

3. 간엽줄기세포의 계속적 투여는 면역력 약화를 야기할 수 있다

제2장에서 다룬 바와 같이 건강한 면역계를 유지하기 위해서는 자연 및 획득 면역세포로 구성된 면역증강세포와 면역 억제를 유도하는 억제 T 세포와의 균형이 반드시 유지되어야 한다. 자가면역 질

환이나 아토피 피부염, 만성신장병, 간경변증, 퇴행성관절염 또는 이식편대숙주 질환 등은 획득 면역세포인 제1형과 제2형 보조 T 세포, 살상 T 세포, B 세포 또는 자연 면역세포인 대식세포 등의 기능이 너무 과하여 문제를 야기하는 질환이다. 간엽줄기세포는 이러한 면역세포의 기능을 강력하게 억제하여 난치성질환을 치료하는 탁월한 능력이 있다. 그러나 건강한 면역계를 가지고 있는 정상인이 보약제처럼 지속적으로 투여 받는다면, 간엽줄기세포의 강력한 면역억제 기능으로 정상적인 면역균형이 파괴되어 면역력 약화로 이어질 수 있다. 그 결과 기회감염 빈도를 높이고 암세포 퇴치에 일조하는 면역계는 더욱 어려움을 격을 수 있어, 만약 암세포가 존재할 경우 암세포 증식 억제를 방해할 수 있다고 판단된다. 따라서 암환자 경우 투여를 자제하는 것이 바람직하다고 판단된다. 만약 투여가 불가피하다면, 투여 후 전문의 추적관찰이 반드시 필요할 것으로 판단된다.

4. 요점

1) 배아줄기세포가 암세포로 변할 수 있는 능력은 인정되나, 간엽줄기세포가 암세포로 변한다는 신뢰할 수 있는 연구결과는 아직 없는 것으로 판단된다.

2) 간엽줄기세포가 동물연구에서 암세포 증식을 돕는다는 연구결

과와 암세포 증식을 억제한다는 연구결과가 팽팽하게 맞서고 있다. 현재 간엽줄기세포를 이용하여 전 세계적으로 많은 임상실험이 실시되고 있는 이때, 공식적으로 간엽줄기세포의 암 발생 또는 암 증식을 돕는다는 임상 연구결과는 아직 발표된 것이 없는 것으로 판단된다.

3) 건강한 면역계를 유지하기 위해서는 면역증강세포와 면역 억제를 유도하는 억제 T 세포와의 균형이 반드시 유지되어야 한다. 면역증강세포가 과활성화되면 면역질환, 자가면역 질환 또는 만성염증을 동반하는 난치성질환 발병으로 이어질 수 있다. 간엽줄기세포는 과활성화된 면역증강세포의 기능을 강력하게 억제하여 난치성질환을 치료하는 탁월한 능력이 있다. 그러나 건강한 면역계를 가지고 있는 정상인이 보약제처럼 지속적으로 투여 받는다면, 간엽줄기세포의 강력한 면역억제 기능으로 정상적인 면역균형이 파괴되어 면역력 약화로 이어질 수 있다. 그 결과 기회감염 빈도를 높이고 만약 암세포가 존재할 경우 면역세포에 의한 암세포 증식 억제를 방해할 수 있다고 판단된다. 따라서 암 환자 경우 투여를 자제하는 것이 바람직하다고 판단된다. 만약 투여가 불가피하다면, 투여 후 전문의 추적관찰이 반드시 필요할 것으로 판단된다.

간엽줄기세포는 모세혈관을
막는 보릿자루가 아니다

2010년 11월 5일 금요일 MBC 저녁 뉴스에 보도된 줄기세포 논란 특종보도에서 "실제로 쥐의 혈관에 중간엽 줄기세포를 투여하면 25~40%의 쥐가 폐동맥 색전증으로 죽는다는 연구결과는 잘 알려져 있습니다"라는 보도를 듣고 깜짝 놀랐다. 혈관으로 주입한 줄기세포가 폐동맥을 막아 폐를 괴사시키고, 그 결과 실험쥐가 죽었다는 것이다. 사실 이 연구는 현실을 잘 고려하지 않고 실시한 연구이기도 하다. 또 학계에서도 그리 이슈화되지 않은 결과를 잘 알려져 있는 연구결과라고 하니 의아해질 수밖에 없었다. 그럼 그 논문에 대해 알아보자.

1. 펄라니 등의 연구결과

2009년 펄라니Furlani 등은 다음과 같은 연구결과를 발표하였다(Micorvasc Res. 77권, 370~6쪽). 혈관에 간엽줄기세포를 투여하는 것이 안전한가를 실험하기 위해 면역결핍 쥐의 혈관에 인간 간엽줄기세포 20만 개와 100만 개를 투여하였다. 20만 개 투여하였을 때

25%가, 100만 개 투여하였을 때 40%가 폐동맥이 막혀 색전증으로 사망하였다. 언뜻 보기에는 간엽줄기세포를 혈관에 투여하면 폐동맥 색전증을 일으키므로 혈관에 간엽줄기세포 투여가 매우 위험할 수 있음을 의미한다. 그러나 이 연구에서 실시한 실험방법이 그리 현실적이지 못하다. 그것은 바로 주입한 세포 수이다.

실험에 사용된 면역결핍 쥐에 투여된 세포 수가 인간의 경우 어느 정도인지 환산하여 보자. 쥐와 인간의 폐혈관 해부학적 구조는 동일하다는 가정이 필요하다. 면역결핍 쥐의 평균 몸무게는 9그램, 인간은 65킬로그램이라고 보았을 때, 인간이 약 7,200배 더 크다. 따라서 면역결핍 쥐의 20만 개에 7,200을 곱하면 14억 개, 쥐의 100만 개는 72억 개로 환산된다. 현재, 간엽줄기세포를 질병치료 목적으로 상업화하려는 미국 간엽줄기세포 회사인 오시리스는 몸무게 1킬로그램당 보통 200만 개를 주입한다. 또는 조혈모세포 이식 경우도 마찬가지이다. 따라서 몸무게가 65킬로그램인 인간의 경우 보통 1.3억 개 주입하는 계산이 나온다. 펄라니 등의 실험에 사용된 면역결핍 쥐에 인간의 14억 개 그리고 72억 개에 해당하는 양의 간엽줄기세포를 투여하였으니, 이것은 엄청난 양의 세포를 투여하였다는 결론에 도달하게 된다. 세포가 모세혈관 직경보다 작다 할지라도 이 정도의 양이면 막히지 않을 모세혈관이 어디에 있을까? 이 경우는 아무리 잘 닦아 놓은 고속도로라 할지라도 많은 차들이 동시에 주행한다면, 막힐 수밖에 없는 이치와 같다. 또는 기도까지 찰 정도로 밥을 많이 먹고 질식사하였다면, 밥이 질식사 유발 물질이

라고 결론짓는 것이나 마찬가지일 것으로 판단된다. 매우 어리석은
결론이라 판단된다.

┃혈관내피세포 사이로 빠져 나가는 간엽줄기세포

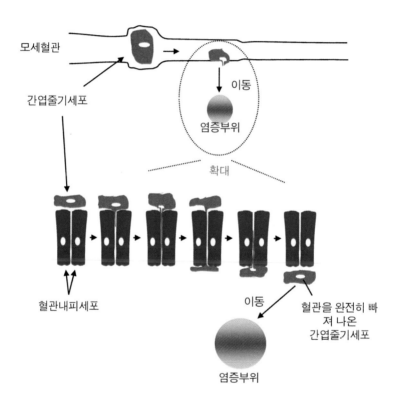

직경이 약 10 마이크로미터인 간엽줄기세포는 직경이 약 8 마이
크로미터인 모세혈관을 지나간다. 간엽줄기세포는 자신보다 직경
이 작은 모세혈관을 통과하는 것이다. 정확한 기전은 아직 밝혀지
지 않아 연구 중에 있지만 혈압에 의해 수동적으로 그리고 능동적

으로는 혈관을 구성하는 혈관내피세포를 꽉 잡아 뒤로 밀어냄으로
서 이동하는 것으로 추정하고 있다. 이동 중에 간엽줄기세포는 상
처 염증 부위를 인지하면 그쪽으로 이동하는 성질이 있어 혈관내피
세포 사이를 빠져 나간다. 일반적으로, 혈관내피세포간의 간격이 대
략 30 나노미터이므로, 이를 통과하기 위해 자기 몸을 변신하여 자
기 몸 보다 약 300배 작은 틈을 빠져 나간다. 따라서 간엽줄기세포
는 몸이 뚱뚱해 길을 막고 있는 단순한 정크 세포가 아닌, 상황에
따라 자기 자신의 몸을 변신하여, 원하는 곳으로 가는 아주 현명한
세포임을 알 수 있다.

2. 간엽줄기세포는 모세혈관보다 크지만……

MBC와 일부 국내연구진은 간엽줄기세포가 모세혈관보다 크다고
주장한다. 일반적으로 모세혈관의 직경은 약 8마이크로미터, 간엽
줄기세포는 약 10마이크로미터로 알려져 있다. 그러나 세포배양을
거친 간엽줄기세포는 이보다 훨씬 더 클 수 있다는 연구결과도 존
재한다. 여기서 그 연구결과가 신뢰할 수 있는 결과인지 아닌지 따
지지 말자. 어찌되었든 간에 이런 이유로 간엽줄기세포는 모세혈관
을 막을 수 있다고 주장한다. 그러나 이에 반하는 연구결과도 존재
한다. 2009년 아키노Akino 등은 설령 세포배양을 거친 간엽줄기세
포가 혈관보다 크다 할지라도 직경이 6마이크로미터인 구멍장벽을
통과하고, 심지어는 직경이 3마이크로미터인 구멍장벽도 통과하는

연구결과를 발표하였다(Int J Dermatol, 47권, 1112~7쪽). 더욱 극적인 경우는, 혈관을 지나는 간엽줄기세포는 인근에 염증부위가 존재하면, 혈관을 구성하는 혈관 내피세포 사이를 빠져나와 그쪽으로 이동한다. 간엽줄기세포의 한 특성이다. 일반적으로, 혈관내피세포 사이의 간격은 약 30나노미터로 알려져 있다. 간엽줄기세포보다 약 300배 더 좁은 틈이다. 이 좁은 틈을 빠져나갈 수 있다는 것은 자기 자신을 엄청나게 변신할 수 있다는 뜻이다. 정확한 변신과정에 대해선 여기서 논하지 말자. 따라서 간엽줄기세포가 몸이 뚱뚱해 길을 막고 있는 단순한 정크 세포가 아닌 아주 능력 있는 세포임을 알 수 있다. 만약 간엽줄기세포가 이런 능력이 없다면, 전 세계적으로 간엽줄기세포를 이용하여 많은 인간임상실험을 실시하는 이때에 폐동맥 색전증 발생 보고가 많이 있었어야 할 것으로 판단된다. 아직까지 공식적으로 학계에 단 한 건도 보고된 것이 없는 것으로 판단된다. 따라서 조혈모세포 이식의 경우나 미국 간엽줄기세포 회사인 오시리스 경우처럼 몸무게 1킬로그램당 200만 개 안팎으로 투여 또는 심혈관계 질환을 가진 환자에 투여할 경우, 주의를 요한다면 언론에서 우려하는 폐동맥 색전증 유발 문제는 원천적으로 잘 극복할 것이며, 그 결과 간엽줄기세포 치료효과를 극대화할 것으로 판단된다.

3. 설익은 연구결과 인용 보도로 찬물 끼얹기

공익을 위하여 논문의 연구결과를 인용 보도하고 사회적 이슈를 만드는 것은 언론의 의무라 판단된다. 그러나 연구결과가 합당한 가정 하에 합당하게 도출되었는지 반드시 고려되어야 할 것으로 판단된다. 그 이유는 제21장에서 다루었다. 연구결과를 신뢰할 수 없는 논문도 적지 않기 때문이다. 또 인용 보도되는 연구결과에 반하는 결과가 있다면 그것 역시 여과 없이 인용 보도해야 된다고 판단된다. 편파보도로 인한 진실왜곡 우려 때문이다. 현재 전 세계적으로 무한 경쟁에 돌입한 분야 중 하나가 줄기세포 연구 분야이다. 이 분야에 종사하는 학자는 물론 정부 역시 합심하여 줄기세포 발전에 매진해야 할 이때에 설익은 연구결과 인용 보도로 필요 이상의 우려를 사회에 던져주어 간엽줄기세포 활용 및 연구가 위축된다면 그로 인해 발생되는 손해는 고스란히 우리나라 국민, 특히 난치성질환으로 고통을 겪고 있는 환자들과 국민건강보험공단에 돌아갈 것이라 판단된다.

4. 요점

1) 혈관을 지나는 간엽줄기세포는 인근에 염증 부위가 존재하면, 혈관을 구성하는 혈관 내피세포 사이를 빠져나와 그쪽으로 이동한다. 일반적으로, 혈관내피세포 사이의 간격은 약 30나노미

터로 알려져 있다. 간엽줄기세포보다 약 300배 더 좁은 틈이다. 이 좁은 틈을 빠져나오는 간엽줄기세포는 몸이 뚱뚱해 길을 막고 있는 단순한 정크 세포가 아닌 아주 능력 있는 세포임을 알 수 있다.

2) 조혈모세포 이식 경우나 미국 간엽줄기세포 회사인 오시리스 경우처럼 몸무게 1킬로그램당 200만 개 안팎으로 투여 또는 심혈관계 질환을 가진 환자에 투여할 경우, 주의를 요한다면 언론에서 우려하는 폐동맥 색전증과 같은 혈관 막힘 문제는 원천적으로 잘 극복할 것이며, 그 결과 간엽줄기세포 치료효과를 극대화할 것으로 판단된다.

3) 전 세계적으로 간엽줄기세포를 이용하여 많은 인간임상실험을 실시하는 이때에 현재까지 학계에 공식적으로 폐동맥 색전증 발생 보고가 단 한 건도 없는 것으로 판단된다.

4) 언론에서 공익을 위하여 논문의 연구결과를 인용 보도하고 사회적 이슈를 만드는 것은 언론의 의무라 판단된다. 그러나 연구결과가 합당한 가정 하에 합당하게 도출되었는지 반드시 고려되어야 할 것으로 판단된다. 또 인용 보도되는 연구결과에 반하는 결과가 있다면 그것 역시 여과 없이 인용 보도해야 된다고 판단된다. 편파보도로 인한 진실왜곡 우려 때문이다.

간엽줄기세포는 타인의 면역공격을 회피한다

간엽줄기세포를 타인에게 투여할 경우, 투여된 간엽줄기세포는 타인의 면역공격을 회피할 수 있는 능력을 가진 기적의 세포로 알려져 있다. 자신의 간엽줄기세포도 필요하다면 타인에게 치료목적으로 아무런 면역거부 문제없이 투여할 수 있다는 것이다. 정말 환상적인 세포이다. 그 이유는? 이 물음에 답하기 전에, 우선 장기 또는 세포이식 후 발생되는 면역거부반응에 대해 간단히 알아보자.

1. 조직이식 후 면역거부반응의 주범: 주조직적합성 항원

공여조직이 환자에 이식되는 경우, 환자의 면역계는 공여조직에 존재하는 주조직적합성 항원을 인지하고 자기 것과 일치하지 않으면 공격하여 면역거부 반응을 일으킨다. 따라서 이식수술 전에 반드시 주조직적합성 항원이 일치하는지 여부를 검사한다,

현실적으로 사람과 사람 사이, 즉 동종 간에 주조직적합성 항원이 일치할 확률은 매우 낮다. 수박 겉핧기식으로 한번 알아보자.

인간의 경우, 총 7개의 주조직적합성 항원이 세포 표면에 발현된다. HLA-A, -B, -C, -DR, -DQ 그리고 -DP이다. 혈청학적으로 각각의 항원을 인지하는 항체군이 26, 59, 10, 26, 22, 9 그리고 6개가 존재한다. 만약 각각의 항원 유전자 염기서열을 토대로 한다면 이 숫자는 상상을 초월할 정도로 더욱 복잡해진다. 매우 복잡하니 유전자 수준에서는 더 이상 따지지 않기로 하자. 이 모든 항원이 조직이식 때 일치되는지 고려되어야 하지만 현실적으로 이식될 조직 종류, 공여자가 가족인지 여부 등에 따라 각 항원의 중요성이 결정된다. 일반적으로 HLA-A, -B 그리고 -DR 항원이 중요시되는데, 혈청학적으로 각각 26, 59 그리고 22개가 존재하므로 부모의 그것이 동일할 경우 그리고 세포 표면에 그들이 하나씩 발현할 모든 경우의 수는 26×59×22=33,748, 즉 공여자와 환자의 주조직적합성 항원이 일치할 확률은 1/33,748이다. 여기서 조혈모세포가 이식될 경우, HLA-C 항원도 중요시되므로 공여자와 환자의 그것이 일치할 확률은 더욱 낮아진다.

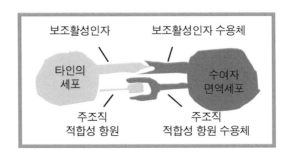

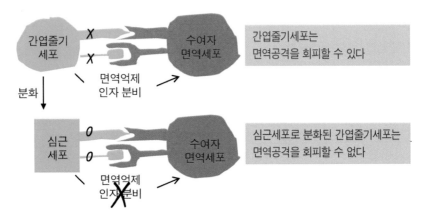

제일 위의 그림에서 보는 바와 같이, 면역세포는 수용체를 이용하여 타인의 세포의 주조직적합성 항원을 인지한다. 만약 자기 것이 아니라 판단되면 활성화되어 공격한다. 이 때, 면역세포의 보조활성인자 수용체는 상대 세포의 보조활성인자를 인지하여야만 강력한 면역 활성화가 이루어진다.

중간 그림에 제시된 바와 같이, 간엽줄기세포는 주조직적합성 항원과 보조활성인자가 거의 발현되지 않는다. 따라서 면역세포가 남으로 인지하기 매우 힘들다. 또 간엽줄기세포는 면역억제 인자가 분비되어 면역세포를 억제한다. 이 때문에 타인의 간엽줄기세포를 면역거부 반응없이 자신에 투여받을 수 있다.

아래 그림에서 보는 바와 같이, 분화된 심근세포는 주조직적합성 항원과 보조활성인자를 다시 발현한다. 또 이 과정에서 면역억제인자를 만들어 내는 능력을 잃게 된다면 수여자의 면역계를 효과적으로 억제하지 못한다. 이런 이유로 간엽줄기세포에서 분화된 심근세포는 타인에 투여하였을 경우 타인의 면역공격을 회피하는데 어려움을 겪어 파괴될 수 있다.

2. 간엽줄기세포의 면역공격 억제 방법: 면역회피와 면역억제

조직적합성 항원이 일치되는 조직을 구한다는 것이 확률적으로 얼마나 어려운지 간단히 알아보았다. 그러나 다행스럽게도 간엽줄기세포는 예외이다. 간엽줄기세포는 주조직적합성 항원과 보조활성인자costimulatory factor가 거의 발현되지 않는다. 보조활성인자는 환자의 면역계가 효율적으로 활성화되는 데 반드시 필요하다. 그러나 이것만이 아니다. 간엽줄기세포는 제3장에서 다룬 바와 같이 강력한 면역억제 기능을 유도하는 많은 인자가 분비되지 않는가? 따라서 면역회피 기능과 면역억제 기능 때문에 간엽 줄기세포는 세간에서 말하는 면역거부반응을 최소화하는 기적의 세포이다. 이러한 이점을 이용하여 현재 전 세계적으로 타인으로부터 추출된 동종 간엽줄기세포를 서로 다투어 많은 인간임상실험 중에 있다.

현재 대부분 연구결과는 투여 후 동종 간엽줄기세포는 타인의 면역공격을 회피할 수 있는 것으로 밝혀지고 있지만, 또 다른 한쪽에서는 동종 간엽줄기세포도 타인에 이식될 경우, 궁극적으로 타인의 면역공격에 의해 파괴될 수 있다는 연구결과가 다수 있음을 밝혀 둔다.

3. 간엽줄기세포가 심근세포로 분화될 경우

만약 동종 간엽줄기세포가 분화되어 심근세포로 변한다면 이 심근세포를 타인에게 투여하였을 경우 타인의 면역공격을 여전히 회피할 수 있을까? 비록 다른 세포로 변하기는 했지만 그 근본은 간엽줄기세포이기 때문에 타인의 면역공격을 여전히 회피할 수 있으리라 추측할 수 있다. 그러나 그것이 정답이라면, 아예 이런 문제를 제기하지 않았을 것이다. 그 문제에 대한 답은 '타인의 면역공격을 받을 수 있다'가 정답이다. 그 이유는? 예를 들어 보자. 손상된 심근세포를 재생하기 위해 동종 간엽줄기세포를 성공적으로 분화시켜 많은 심근세포를 얻어 타인에 이식하였다고 가정하자. 여기서 분화란 쉽게 말해 간엽줄기세포의 모든 특성을 잃어버리고 심근세포 특성을 다시 얻는다는 것이다. 그래서 분화된 세포를 심근세포라고 당당하게 말할 수 있다. 따라서 여느 심근세포와 마찬가지로 동종 간엽줄기세포에서 분화된 심근세포 역시 주조직적합성 항원과 보조활성인자가 다시 발현된다. 또 이러한 과정에서 면역억제제를 만들어 내는 능력을 잃게 된다면 수여자의 면역계를 효과적으로 억제하지 못해 수여자의 면역공격을 회피하는 데 더욱 많은 어려움을 겪을 것이다. 이런 이유로 동종 간엽줄기세포에서 분화된 심근세포는 타인에 투여하였을 경우 타인의 면역공격을 회피할 수 없어 파괴될 수 있다.

심근세포뿐만 아니라 우리 몸에 존재하는 거의 모든 세포는 주조직적합성 항원과 보조활성인자가 발현된다. 따라서 동종 간엽줄기세포를 분화하여 타인에 이식한다면 타인의 면역공격을 회피할 수 없어 파괴될 가능성이 있다.

4. 요점

1) 공여조직이 환자에게 이식되는 경우, 환자의 면역계는 공여조직에 존재하는 주조직적합성 항원을 인지하고 자기 것과 일치하지 않으면 공격하여 면역거부 반응을 일으킨다. 간엽줄기세포는 주조직적합성 항원과 보조활성인자가 거의 발현되지 않는다. 보조활성인자는 환자의 면역계가 효율적으로 활성화되는

데 반드시 필요하다. 또한 간엽줄기세포는 면역억제 기능을 유도하는 많은 인자가 분비된다. 따라서 면역회피 기능과 면역억제 기능 때문에 간엽줄기세포는 이식 후 면역거부반응을 최소화하는 기적의 세포이다.

2) 타인에게 투여한 후 동종 간엽줄기세포는 타인의 면역공격을 회피할 수 있다는 연구결과가 상당한 설득력을 얻고 있다. 그러나 다른 한쪽에서는 동종 간엽줄기세포도 타인에 이식될 경우, 궁극적으로 타인의 면역공격에 의해 파괴될 수 있다는 연구결과가 다수 존재한다.

3) 간엽줄기세포에 분화된 심근세포는 여느 심근세포와 마찬가지로 주조직적합성 항원과 보조활성인자가 다시 발현된다. 또 면역억제제를 만들어 내는 능력을 잃게 된다면 수여자의 면역계를 효과적으로 억제하지 못해 수여자의 면역공격을 회피하는 데 더욱 많은 어려움을 겪을 것이다. 이런 이유로 간엽줄기세포에서 분화된 심근세포는 타인에 투여하였을 경우 타인의 면역공격을 회피할 수 없어 파괴된다.

4) 우리 몸에 존재하는 거의 모든 세포는 주조직적합성 항원과 보조활성인자가 많게 또는 적게 발현된다. 따라서 동종 간엽줄기세포를 분화하여 타인에 이식한다면 타인의 면역공격을 회피할 수 없어 파괴될 가능성이 크다.

간엽줄기세포의 양면성: 지킬박사와 하이드

기원전 221년, 중국을 통일한 중국 진나라 진시황제는 불로장생을 위해 만병통치약을 찾으라고 주치의에게 명령하였다. 그러나 찾는 데 실패한 주치의는 그 대신 수은을 바쳤다. 수은은 피부의 미백이나 탄력에 일시적 효과가 있었기 때문에 그 이유로 진시황제는 만병통치약으로 착각하였고 수은을 계속 복용한 진시황제는 황제로서 비교적 짧은 나이인 50세의 나이로 일생을 마쳤다는 이야기가 있다. 있지도 않은 만병통치약을 찾으려 하는 우리 현대인에게 의미 있는 교훈을 남겨 주는 이야기라 생각된다.

물질의 풍요와 의학의 발전으로 인간의 수명은 많이 늘어났지만, 삶의 질은 늘어난 수명만큼 향상되지 못한 것은 사실이다. 생명이 연장되면 될수록 암, 신경계 질환, 심혈관계 질환 또는 당뇨병을 포함한 대사성질환 등으로 고통을 겪는 현대인이 더욱 늘어나고, 현대의학으로 아직 완치할 수 없기 때문에 환자 삶의 질은 그만큼 떨어질 수밖에 없다. 대부분 평생 달고 다니는 질환이다. 만약 이러한 의학적 한계를 극복할 수 있는 보약제나 또는 만병통치약이 나올 수 있다면 얼마나 좋을까?

2000년 초반부터 황우석 박사의 줄기세포로 우리 국민은 줄기세포가 만병을 다스릴 수 있는 만병통치약이라 꿈꾸어 왔다. 또 언론에서도 그 가능성을 묘사하곤 하였다. 사실상 많은 줄기세포 연구로 인해 줄기세포가 턱없이 부족한 장기를 대체할 수 있다면 어떻게 만병통치약이라 아니 할 수 있겠는가? 그러나 손상된 장기를 대체하는 재생의학으로서 현재의 줄기세포는 그렇지가 않다.

┃명약도 독약도 될 수 있는 간엽줄기세포

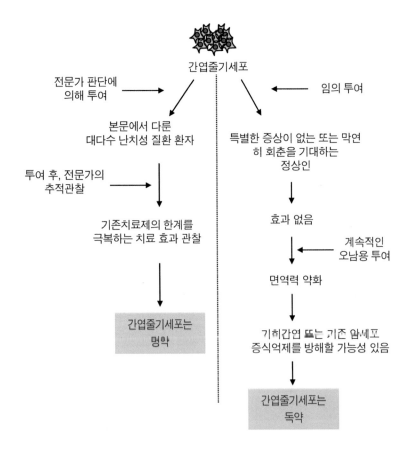

간엽줄기세포는 본문에서 다룬 대다수 난치성 질환치료에 사용되는 기존치료제의 한계를 극복할 수 있는 명약이 될 수 있지만 특별한 증상이 없는 정상인에게 보약제 개념으로 계속적으로 투여한다면 면역력 약화를 야기하여 여러 문제를 일으킬 수 있고, 이로 인해 간엽줄기세포는 독약이 될 수 있다.

1. 간엽줄기세포는 명약

다행히도 성체줄기세포인 간엽줄기세포는 재생의학에 이용되는 세포가 아닌, 분비되는 많은 인자로 인해 뜻하지 않은 놀라운 약리효과를 학계에서 관찰하여 왔다. 이로 인해 간엽줄기세포가 면역관련 질환, 자가면역 질환 또는 장기 조직을 파괴하는 만성염증을 동반하는 많은 난치성질환을 치료하는 기존치료제의 한계를 극복할 수 있는 가능성이 있다는 것을 이 책 전반에 걸쳐 언급하였다.

뜻하지 않게 다양하고 놀라운 약리효과 때문에 현재 전 세계적으로 간엽줄기세포를 이용하여 많은 인간임상시험을 실시하고 있고, 일부 국가에서는 실제로 환자에 투여하여 치료효과를 기대하고 있다. 그러나 몇몇 외국 클리닉에서는 아직 연구가 되지 않은 질환까지 치료목적으로 투여하고 있는 실정이고 또 어떤 클리닉에서는 투여된 간엽줄기세포는 마치 만병통치약처럼 원하는 세포로 분화되어 질환을 치료할 수 있다고 선전하기도 한다. 이 분야에 전문지식이 없는 환자는 어렴풋이 줄기세포는 만병통치약이라는 선입견 때문에 간엽줄기세포를 투여 받으면 질환이 호전될 것이라 착각할 수 있다. 여기서 정확하게 매듭짓자. 간엽줄기세포가 상당수 난치성 질환 치료에 사용되는 이유는 제3장에서 다룬 바와 같이 여러 인자가 분비되는 간엽줄기세포가 강력한 면역억제 기능을 포함하고 있기 때문이지, 간엽줄기세포가 줄기세포로서 원하는 세포로 분화되기 때문에 사용되는 것은 결코 아니다. 그렇게 생각하다면 현재 간엽줄기세포 연구결과를 토대로 판단하건대대단한 착각이다.

2. 간엽줄기세포는 독약

간엽줄기세포가 줄기세포로서 만병통치약일 수 있다는 막연한 착각 때문에 그리고 사회생활에 지친 현대인이 단지 무기력하다고 또는 회춘하고 싶다고 보약제처럼 지속적으로 투여 받는다면, 간엽줄기세포의 강력한 면역억제 기능으로 정상적인 면역균형이 파괴되어 전체적인 면역력이 약화되는 방향으로 면역계가 변화될 것이다. 그 결과 기회감염 빈도를 높이고, 암세포 퇴치에 여념이 없는 우리 면역계는 더욱 어려움을 격을 수 있어, 만약 암세포가 존재할 경우, 암세포 증식억제를 방해할 수 있다고 판단된다. 다시 한 번 강조하고 싶다. 제3장에서 다룬 바와 같이 간엽줄기세포는 면역을 증강하는 거의 모든 자연 그리고 획득 면역세포를 억제하고, 반대로 면역을 억제하는 억제 T 세포는 과감하게 활성화하는 성질을 가지고 있

다. 간엽줄기세포가 면역억제제의 꽃이라는 것을 '제16장 이식편대
숙주 질환과 간엽줄기세포'에서 맛보지 않았는가?

3. 외국에서 간엽줄기세포 투여 받을 경우 따져야 할 사항

현재 국내에서 간엽줄기세포 시술이 금지되어 있다. 따라서 외국
에서 간엽줄기세포 시술을 받을 경우가 앞으로 더욱 늘어날 것으
로 판단된다. 필자는 이 책에서 언급한 대부분 난치성질환에 간엽
줄기세포 투여를 반대하지 않는다. 국내 약사법이 바뀌지 않는 한
외국에서 투여 받는 것도 반대하지 않는다. 그러나 외국의 몇몇 클
리닉에서는 영리 목적으로 치료효과가 전혀 확인되지 않은 질환까
지도 치료를 위하여 투여하고 있는 실정이기 때문에 무조건 외국
클리닉 의도와 주장대로 투여 받아서는 안 될 것으로 판단된다. 외
국에서 투여를 결정할 때 두 가지만 생각하자. 투여된 간엽줄기세
포는 거의 원하는 세포로 분화되지 않는다. 만병통치약이 아니라는
뜻이다. 간엽줄기세포는 강력한 면역억제 기능을 유도하는 많은 인
자를 분비한다. 이 두 가지만 염두에 둔다면 간엽줄기세포 투여가
자신의 질환을 호전시킬 수 있는지 대략적으로 예측할 수 있을 것
이라 판단된다. 반드시 따져봐야 할 사항이다. 시술의 안전성을 위
해 일반의사가 아닌 전문의 판단과 시술이 필요하다. 심혈관계 질
환 환자 또는 암 환자 경우 투여를 자제하는 것이 바람직하다고 판
단된다. 만약 투여가 불가피하다면, 투여 후 전문의 추적관찰이 반

드시 필요할 것으로 판단된다.

간엽줄기세포는 면역관련 질환, 자가면역 질환 또는 장기 조직을 파괴하는 만성염증을 포함하는 많은 난치성질환을 치료하는 데 기존 치료제의 한계를 극복할 수 있을 가능성이 크다는 것이 세계학회의 중론이다. 그러나 이 이외의 목적으로 오남용한다면 간엽줄기세포는 능력 있고 자비심이 많은 지킬박사가 아닌 추악한 하이드로 변할 수 있음을 간과해서는 안 될 것으로 판단된다.

4. 요점

1) 현재 수준으로 줄기세포는 재생의학의 수단으로 만병을 다스릴 수 있는 명약이 아직 아니다.

2) 성체줄기세포인 간엽줄기세포는 분비되는 많은 인자로 인해 뜻하지 않은 놀라운 약리효과를 지니고 있다. 현재 전 세계적으로 간엽줄기세포를 이용하여 많은 인간임상시험을 실시하고 있고, 일부 국가에서는 실제로 환자에 투여한다. 하지만 몇몇 외국 클리닉에서는 아직 연구가 되지 않은 질환까지 치료목적으로 투여하고 있고 또 어떤 클리닉에서는 투여된 간엽줄기세포가 마치 만병통치약처럼 원하는 세포로 분화되어 질환을 고친다고 선전하기도 한다. 그러나 간엽줄기세포가 대부분 난치성

질환 치료에 사용되는 주된 이유는 그것의 강력한 면역억제 기능을 포함하고 때문이다. 투여 후, 원하는 세포로 분화되어 치료효과를 얻는 만병통치약은 결코 아니다.

3) 간엽줄기세포가 줄기세포로서 만병통치약이 될 수 있다는 막연한 착각 때문에 사회생활에 지친 현대인이 단지 무기력하다고 또는 회춘하고 싶다고 보약제처럼 지속적으로 투여 받는다면, 간엽줄기세포의 강력한 면역억제 기능으로 정상적인 면역균형이 파괴되어 면역력이 약화될 수 있다. 그 결과 기회감염 빈도를 높이고, 만약 암세포가 존재할 경우, 암세포 증식 억제를 방해할 수 있다.

4) 현재 국내에서 간엽줄기세포 시술이 금지되어 있다. 따라서 외국에서 간엽줄기세포 시술을 받을 경우가 앞으로 더욱 늘어날 것으로 판단된다. 하지만 외국의 경우 상당수는 영리 목적으로 치료효과가 확인되지 않은 많은 질환까지 치료를 위하여 투여하고 있는 실정이기 때문에 무조건 투여 받아서는 안 될 것으로 판단된다. 막대한 투여비용 손실과 면역력 약화가 우려되기 때문이다. 투여를 결정할 때, 두 가지만 생각하자. 투여된 간엽줄기세포는 거의 원하는 세포로 분화되지 않는다. 간엽줄기세포는 강력한 면역억제 기능을 유도하는 많은 인자를 분비한다. 이 두 가지만 염두에 둔다면 간엽줄기세포 투여가 자신의 질환을 호전시킬 수 있는지 대략적으로 예측할 수 있을 것이라 판단된다.

5) 시술의 안전성을 위해 일반의사가 아닌 전문의 판단과 시술이 필요하다. 심혈관계 질환 환자 또는 암 환자 경우 투여를 자제하는 것이 바람직하다고 판단된다. 만약 투여가 불가피하다면, 투여 후 전문의 추적관찰이 반드시 필요할 것으로 판단된다.

6) 간엽줄기세포는 면역관련 질환, 자가면역 질환 또는 장기 조직을 파괴하는 만성염증을 포함하는 많은 난치성질환을 치료하는 데 기존 치료제의 한계를 극복할 수 있을 가능성이 크다는 것이 세계학회의 중론이다. 그러나 이 이외의 목적으로 오남용한다면 간엽줄기세포는 능력 있고 자비심이 많은 지킬박사가 아닌 추악한 하이드로 변할 수 있음을 간과해서는 안 될 것으로 판단된다.

STEP 21 | 줄기세포 연구논문과 맹신

오래된 일이다. 외국에서 생명과학 연구에 실험동물 사용금지를 요구하는 시위가 일어났다. 그것을 본 어느 생명과학 연구자는 "실험동물 덕택에 여러분은 20년 더 시위할 수 있다"고 중얼거렸다는 일화가 있다. 실험동물을 이용한 생명과학 연구 덕택에 인간의 수명이 그 만큼 더 늘어났고, 더 나아가 생명과학 연구의 중요성을 의미하는 일화일 것이다.

1. 과학저널에 발표된 연구논문의 운명

생명과학 연구결과를 발표하는 논문은 매우 가치가 있다. 새로운 것을 밝혀내는 것 자체도 매우 의미가 있지만 그 논문 결과로 인해 앞으로 인류에 많은 혜택을 줄 수 있는 가능성이 있기 때문일 것이다. 눈만 뜨면 매일매일 발표되는 수많은 논문들. 그중에는 그 누구도 밝혀 내지 않은 산뜻하고 매우 귀중한 연구결과를 담은 논문도 있고, 단순히 세포 종류만 바꿔 기존의 연구결과를 모방하여 만들어낸, 그래서 그리 큰 의미가 없는 연구결과를 담은 논문도 있을 것이다. 어떤 연구결과는 다른 연구진에 의해 재현되어 학계의 정설로 대접받기 시작하고, 어떤 결과는 재현이 되지 않아 대부분 도태되는 안타까운 사태까지 일어나는 경우도 있을 것이다. 어떤 연구결과는 연구진에 의해 조작되어 결국 발표된 논문 자체가 철회되는 경우도 있고, 조작은 되지 않았지만 연구결과를 잘못 해석하여 진실이 왜곡된 논문도 있을 것이다. 이루 말할 수 없이 많은 종류의 논문이 발표되고 있는 중이다.

┃ 유명학술지에 발표된 논문의 운명

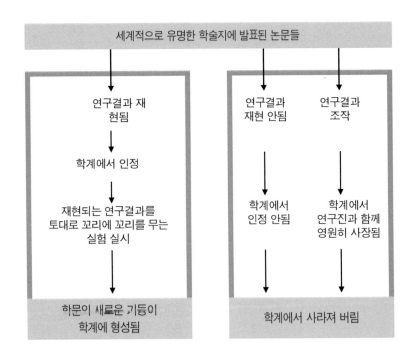

네이처 또는 사이언스와 같은 세계적으로 유명한 학술지에 발표

된 논문이라 하더라도 다 옳은 것은 아니다. 무조건 옳다는 것은 편견이다. 발표된 논문 중 어느 것은 그 연구결과가 학계에서 재현되고 그 결과를 토대로 많은 연구가 이루어져 학계에 새로운 족적을 남긴다. 매우 이상적인 경우이다. 그러나 발표된 연구결과가 재현되지 않거나 또는 발표된 연구결과가 조작으로 판명나면 그 논문은 학계에서 영원히 사라져 잊혀진다. 이런 경우가 적지 않다. 따라서 유명한 학술지에 발표된 논문이라 할지라도 학계에서 재현되어 검증되지 않았다면 문제가 있을 수 있는 연구결과이다. 따라서 섣불리 믿고 판단해서는 안된다.

2. 네이처, 사이언스 논문도 맹신은 금물

학계에서 인정받아 정설로 남는 연구결과만이 사실상 이상적인 연구결과라는 학계의 순진한 인식에 대중도 그리 큰 이의 없이 동의할 것으로 판단된다. 발표되는 논문이 모두 이런 종류의 논문이면 얼마나 좋을까? 다행히 학계에서는 연구 논문 결과에 대해 옳고 그름을 가늠할 수 있는 무서운 정화작용이 있다. 서로 재현되는지 점검해 보고 재현되면 그것을 토대로 추가연구를 통해 학문이 발전해 나간다. 그러나 학술지에 발표되면 모두 옳다고 맹신하는 사회적 분위기 때문에 연구결과가 학술지에 논문으로 발표되었다는 이유만으로 학계에서 아직 검증되지 않은 연구결과 조차도 언론에 의해 여과 없이 그대로 대중에게 전해지곤 한다. 큰 문제다. 이로 인해 대중의 판단은 물론 연구비 지원을 포함한 국가 과학정책에 큰 오류가 발생되곤 한다.

맹신은 연구결과가 권위 있는 과학저널에 발표되는 경우 더욱 심하다. 생명과학을 포함한 모든 과학 분야의 최고 권위 있는 연구저널은 영국의 「네이처Nature」와 미국의 「사이언스Science」 등이다. 과학계에서 주옥과 같은 연구결과가 발표된다. 그러나 그렇지 않은 경우도 적지 않게 일어난다. 조작된 연구결과 또는 다른 실험실에서 재현이 되지 않는 연구결과들이다. 또는 연구결과 해석을 잘못하여 진실을 왜곡하는 것 등이다. 이런 이유 때문에 최고 권위 있는 과학저널에 발표된 논문이라 할지라도 맹신하여 학계에서 검증되지 않은 연구결과를 언론이 과대포장한다면 앞으로 더 큰 문제를 야기할 수 있을 것이라 판단한다.

획기적인 연구결과를 포함한 모든 연구결과는 발표되었다면 반드시 재현되어야 한다. 다른 연구자에 의해 발표된 대로 똑같이 실험해 보아 그 결과가 다시 재현되어야 한다. 일반적으로 획기적인 연구결과 발표 이후 전 세계적으로 재현실험을 한다. 다행히 재현이 되는 경우 그것을 토대로 추가 실험을 실시하고, 꼬리에 꼬리를 무는 실험을 실시하여 궁극적으로 그 초기 연구결과로 인해 큰 족적이 학계에 남게 된다. 만약 그 족적으로 인해 인류가 관련분야에 많은 혜택을 받았다면 당연히 초기 실험연구자가 노벨상을 받게 될 것이다. 그러나 이런 경우도 존재한다. 전 세계적으로 재현실험을 하였을 때 그것과 반대되는 실험 결과도 나올 수 있다. 이런 경우 그 학설이 학계에서 아직 정립되지 않은 상태이기 때문에 추가연구가 반드시 필요하다. 결국 최고 권위 있는 과학저널인 「네이처」 또는 「사이언스」 등에 연구논문이 발표되었다 하더라도 학계가 인정하기 전까지 발표된 연구결과 인정은 조심스럽게 유보되어야 한다는 의미이다.

3. 학계가 인정하지 않은 연구결과 맹신은 금물

주름 형성은 그 누구도 벗어날 수 없는 인간의 노화 과정의 일부이다. 만약 간엽줄기세포를 통해 주름을 손쉽게 개선할 수 있는 방법이 나온다면 그리고 과학적 이유를 밝혀낸다면 불로장생약을 찾던 진시황제도 당장 벌떡 일어날지도 모른다. 그만큼 그 연구결과는 학문적 차원에서도 획기적이다. 이런 연구결과가 존재한다면, 다른 연구진에 의해서도 그 결과가 반드시 재현되어야 한다. 아니 재현하려고 온 세상이 시끄러울 것이다. 그러나 그 연구결과가 경제적 이해관계가 걸려 있는 소수 기관에서만 발표된다면 그 연구결과의 객관성은 보장되기가 어려울 수 있다. 요즈음 적지 않은 과학저널에서는 연구자 자신이 발표한 연구결과에 대해 '서로 상반되는 이해관계'competing interests 또는 conflict of interests가 있는지에 대해 논문 마지막에 반드시 밝힌다. 예로 어묵회사의 사장이 새로운 맛이 나는 어묵에 대해 연구하여 발표할 때, "나는 어묵회사의 사장이다"라는 것을 반드시 밝힌다. 아무래도 논문을 쓸 때, 어묵 연구결과를 암암리에 유리하게 해석하거나 조작하여 자기회사에 더 많은 이익발생을 유도할 수 있기 때문이다. 이렇게 표시하는 의도는 발표되는 연구결과의 객관성에 대해 독자가 최종적으로 판단 또는 염두에 두라고 하는 의미일 것이다. 관련된 이해관계로 연구결과에 대한 진실을 왜곡할 기회를 최소화하려는 의도이다. 정말 소름이 끼칠 정도로 빈틈이 없는 공정한 연구결과 발표정책이라 판단된다.

이제 대중도 언론에서 자주 소개되는 연구결과에 대해 현혹되지 않길 희망한다. 과학을 전공하지 않은 대중은, 설령 과학을 전공한 대중이라도 사실상 연구결과의 진실성에 대해 가늠하는 것은 매우 어려운 일이라 할 수 있다. 그러나 과학 연구논문이 세상 밖으로 나와 살고 죽어가는 과정을 접한 이상, 이제는 언론에서 소개되는 '획기적' 연구결과에 대해 한 번 더 생각하는 여유가 생길 것으로 판단된다.

골수, 제대혈 또는 지방 등에서 분리한 간엽줄기세포의 경우, 어느 방향으로 이용할 것인가에 따라 다르나, 주름제거 등의 미용 목적으로 사용될 경우, 일반적으로 그에 대한 연구는 전 세계적으로 아직 초기 단계에 있는 실정이라 해도 그리 큰 무리가 없을 것으로 판단된다. 이런 상황에서 만약 간엽줄기세포를 임상에 적용하려 한다면 국가가 적절한 제재를 가해야 한다. 학계에서 아직 정립되지 않았거나 다른 연구진에 의해 아직 재현이 되지 않은 연구결과가 논문으로 발표되었다는 이유 하나만으로 또는 영리단체가 일방적으로 실시한 연구결과를 맹신하여 임상적용을 허용한다면, 그로 인해 발생되는 손실은 그 논문이 발표된 학술지의 편집장도, 발표된 논문 결과를 여과 없이 보도한 언론도, 임상적용을 허용한 국가도 아닌, 전문지식 결여로 믿고 실행에 옮긴 국민에게 고스란히 돌아갈 것이라 우려된다.

4. 요점

1) 연구결과를 발표하는 논문은 매우 가치가 있지만 발표된 논문의 질은 천태만상이다. 어떤 연구결과는 다른 연구진에 의해 재현되어 학계의 정설로 대접받기 시작하고, 어떤 결과는 재현이 되지 않아 대부분 도태되는 안타까운 사태까지 일어난다. 어떤 연구결과는 연구진에 의해 조작되어 결국 발표된 논문 자체가 철회되고 연구진이 학계에서 영원히 사장되는 경우도 있어, 이루 말할 수 없이 많은 종류의 논문이 발표되고 있는 중이다.

2) 조작된 연구결과 또는 영원히 재현되지 않는 연구결과도 무리 없이 발표되곤 하기 때문에 최고 권위 있는 과학저널의 논문이라 할지라도 맹신은 금물이다. 연구결과가 과학저널에 발표되었다고 다 옳은 것은 아니다.

3) 주름제거 등의 미용 목적으로 간엽줄기세포를 사용할 경우, 그에 대한 연구는 전 세계적으로 아직 초기 단계라 판단된다. 이런 상황에서 만약 간엽줄기세포를 임상에 적용하려 한다면 국가가 적절한 제재를 가해야 한다. 학계에서 아직 정립되지 않은 연구결과가 논문으로 발표되었다는 이유 하나만으로 또는 영리단체의 일방적인 주장이 허용된다면 경제적 사회적 손실이 발생될 수 있을 것이라 판단된다.

　이미 언급한 바와 같이 줄기세포는 여러 종류가 있다. 배아줄기
세포와 배아줄기세포 단점을 보완하기 위해 최근에 개발된 유도만
능줄기세포induced pluripotent stem cell 그리고 간엽줄기세포가
포함되는 성체줄기세포 등이다. 이 모두 손상된 세포나 손상된 조
직을 재생하는 재생의학으로서 가능성 때문에 주목받고 있다. 따
라서 원하는 세포로 분화되어야 한다. 제1형 당뇨병을 치료할 경우,
췌장 베타세포 한 종류만 재생하면 되기 때문에 비교적 간단하다.
그러나 손상된 장기의 경우, 장기는 여러 종류의 세포로 이루어져
그 기능이 발휘되고 있기 때문에 줄기세포로 장기를 재생하기 위해
선 많은 종류의 세포분화가 필요하다.

간략한 각종 줄기세포 연구방향과 국가정책

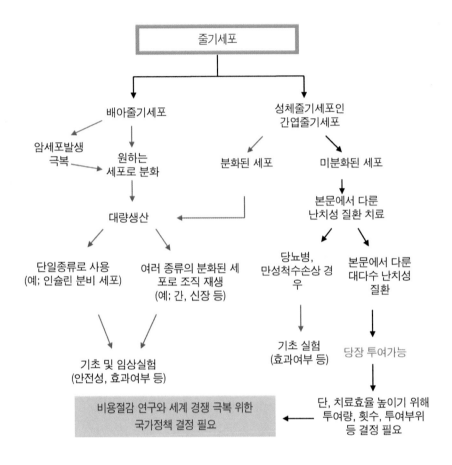

간략하게 여러 방향의 줄기세포 연구를 요약하였다. 빨간 화살 표는 대체적으로 연구진행이 초기 단계에 있음을 의미한다. 배아 줄기세포가 재생의학에 적용되기 위해선 상당한 시간과 엄청난 연 구가 필요할 것이라 판단된다. 성체줄기세포인 간엽줄기세포도 분 화되어 재생의학에 적용되려면 배아줄기세포와 비슷한 연구 경로

를 따를 것이라 판단된다. 미분화된 간엽줄기세포의 경우, 많은 연구에 의해 밝혀진 새로운 약리효과로 현재 전 세계적으로 난치성질환 치료목적으로 많은 인간임상실험이 실시되고 있고, 일부 국가에서는 이미 임상에 적용되고 있다. 치료효율을 높이기 위해 투여량, 횟수, 부위 등을 결정하는 추가실험이 필요하다는 것이 학계의 중론이다. 임상적용 허가완화로 인해 세계 경쟁을 효과적으로 극복할 수 있는 국가정책과, 더 나아가 고가의 간엽줄기세포 투여비용을 대폭 절감하는 추가연구 또는 국가정책 또한 절실히 필요할 때라 판단된다.

1. 분화된 줄기세포 임상적용은 비교적 많은 연구가 필요하다

제7장에서 다룬 바와 같이 제1형 당뇨병은 면역세포인 살상 T 세포에 의해 췌장 베타세포가 파괴되어 발병된다. 따라서 췌장 베타세포 한 종류만 재생하여 투여하면 이론적으로 제1형 당뇨병을 치료할 수 있다. 그렇다면 몇 개의 세포가 필요한지 한번 계산하여 보자. 인간 췌장에 약 백만 개의 소도가 있고 각각의 소도에 약 2,000개의 베타세포가 존재하는 것으로 알려져 있다. 따라서 췌장에 있는 베타세포를 재생하기 위해서 100만 개×2000=20억 개의 베타세포가 필요하다. 어마어마한 수이다. 배아줄기세포나 간엽줄기세포를 성공적으로 분화하여 인슐린을 분비하는 세포로 만들었다 하더라도 이 정도 수의 세포를 배양할 수 있는 기술이 아직 현존하지

않는 것으로 알려져 있다. 앞으로 배양기술 개발에 많은 시간과 연구가 필요할 것으로 예측된다. 그리고 제1형 당뇨병 환자에 췌장 베타세포를 파괴하는 활성화된 살상 T 세포 문제를 해결해야 이식되는 베타세포의 추가파괴를 억제할 수 있다. 이 문제 역시 해결하기 위해 많은 연구가 필요할 것이라 판단된다. 이렇게 비교적 간단한 제1형 당뇨병 치료 경우에서도 줄기세포를 적용하여 치료하려면 많은 시간과 연구가 요구될 수 있다는 것을 짐작할 수 있다.

줄기세포를 이용하여 손상된 장기를 재생할 경우를 한번 생각해보자. 앞에서 언급한 바와 같이 장기는 한 종류가 아닌 여러 종류의 세포로 이루어져 그 기능이 발휘된다. 따라서 줄기세포로 장기를 재생하기 위해서는 많은 종류의 세포분화가 필요하다. 한 종류도 아닌 여러 종류의 분화된 세포로 조직을 인위적으로 재생한다는 것은 현재로서는 거의 불가능한 일이라 판단된다. 따라서 배아줄기세포 또는 간엽줄기세포가 일단 분화되어 손상된 세포나 조직을 재생하는 재생의학 개념으로 사용되려면 많은 시간과 연구가 필요하다. 이러한 상황에서 누군가가 난치성질환 치료 목적으로 이 분화방법을 시급히 임상에 적용하려 든다면, 모두가 시기상조라며 반대하고 많은 연구가 필요하다고 이구동성으로 주장할 것이다. 당연히 옳은 소리이다.

2. 미분화 간엽줄기세포 임상적용은 질환에 따라 현재 가능하다

2000년대부터 미분화된 간엽줄기세포를 이용하여 손상된 세포나 조직을 재생하려는 시도가 많은 실험동물 연구를 통해 이루어졌다. 간엽줄기세포 투여 후, 손상된 조직기능이 경우에 따라 현저하게 향상됨을 관찰하였고, 초기에는 그 이유를 간엽줄기세포의 세포 분화능력으로 예측하였지만, 그 대신 많은 추가 연구를 통해 간엽줄기세포는 다양한 인자가 분비되어 놀라운 약리효과가 발휘되고 있음이 포착되었다. 이로 인해 간엽줄기세포는 전 세계적으로 인간 임상시험에 제일 많이 사용되고 있는 줄기세포가 되었고, 일부 국가에서는 실제로 난치성질환 치료에 적용하고 있다.

이러한 상황에서 우리나라의 경우 간엽줄기세포의 임상적용에 대해 매우 원론적이다. 일각에서는 아직 초기단계라 간엽줄기세포 투여는 시기상조라 하여 실용화를 더욱 어렵게 만들고 있는 실정이다. 앞에서 언급한 바와 같이 재생의학으로서 간엽줄기세포를 분화하여 난치성질환 치료 적용은 초기단계이다. 그러나 미분화된 간엽줄기세포의 난치성질환 치료 적용은 경우가 전혀 다르다. 그 이유는 분화되지 않더라도 간엽줄기세포는 많은 인자를 분비하여 다양한 약리효과를 발휘하고 있기 때문이다. 이에 대해서는 세계학계에서도 인정하고 있다. 간엽줄기세포는 다른 신약과 달리 인간이 인위적으로 만든 약을 분비하는 세포가 아니다. 만약 인위적으로 만든 약이 분비되면 일반 신약개발에서와 마찬가지로 안전성과 효용성을 점검하기 위하여 천문학적인 시간과 개발비용이 요구될 것이다. 그러나 미분화된 간엽줄기세포는 여러분의 생체가 직접 만든 좋은 생리제어 인자가 하나도 아닌 매우 많은 종류의 인자가 분비되는 신토불이 약 공장이다. 일각에서는 아직도 원론적인 부작용 가능성을 들고 나오지만 이 책에서 다룬 바와 같이 과도하게 사회 분위기를 위축하지 않고서라도 모두 학문적으로 원만하게 해결될 수 있는 것들이다. 세계학계에서도 이에 대해 비슷한 입장을 취하고 있는 실정이다. 다만 치료효율을 높이기 위해 경우에 따라 투여양, 횟수 또는 투여 방법 등을 결정하는 추가연구가 필요하다는 것이 세계학계 중론이다.

3. 미분화 간엽줄기세포 임상적용에 대해 필요한 국가정책들

간엽줄기세포는 앞으로 난치성질환 치료에 가장 많이 이용될 수 있는 세포 중 하나이기 때문에 현재 전 세계가 무한경쟁에 돌입한 상황이다. 이러한 간엽줄기세포 분야를 선점하기 위해 완화된 임상적용을 허용하는 국가 차원의 법규가 시급히 제정되어야 할 것으로 판단된다. 간엽줄기세포는 인간이 인위적으로 만든 화학물질을 분비하는 세포가 아닌, 여러분의 유전자를 토대로 다양한 종류의 인자를 직접 만들고 분비하는 신토불이 약 공장이기 때문이다. 그리고 완화된 임상적용이라 하여 시술 안전성을 무시하는 것은 결코 아니다. 만약에 안전성에 문제를 야기할 수 있는 요소가 존재한다면, 그 요소를 학문적으로 타당성이 있는지 고려하여 그만큼 임상적용 완화정책에 반영하면 된다. 그렇게 어려운 문제가 아니다. 모든 것은 전 세계적으로 이루어진 관련 연구결과와 임상적용 완화로 인해 발생되는 리스크와 이익과의 비율risk-benefit ratio을 토대로 결정하면 된다. 무조건 임상적용 완화정책 수립에 리스크만 강조하는 원론적인 잣대를 돈키호테 식으로 들이대면 난치성질환을 치료할 수 있는 신약개발은 거의 불가능하다고 판단된다. 이로 인해 인프라가 잘 갖추어진 미국 등의 의료 선진국이나 이미 임상에 적용하는 국가에서 독식할 것이다. 또 하나 국가가 고려해야 할 사항은 비용문제이다. 현재 간엽줄기세포 투여비용은 매우 고가이다. 몇몇 추가연구와 법제정이 뒤따른다면 거품제거로 인해 투여비용을 현격히 낮추고 궁극적으로 환자와 직·간접적으로 국민건강보험공단 재정에 큰 도움을 줄 수 있는 실리를 얻을 것이라 판단된다. 그리고 만약 완화된 임상적용 정책이 수립되지 않는다면, 국내에서 간엽줄기세포 투여가 합법화될 때까지 당연히 생명의 촌각을 다투는 난치성질환 환자는 외국에서 간엽줄기세포 투여를 고려할 것이라 쉽게 판단된다. 이럴 경우 국가는 가이드라인을 만들어 난치성질환 환자가 외국에서 올바르고 안전하게 간엽줄기세포를 투여 받을 수 있도록 유도해야 할 것으로 판단된다.

국가의 현명한 판단에 의한 국가정책에 따라 우리나라 난치성질환 환자의 생명과 재산을 지키고 보호하는 것은 물론이고 전 세계의 난치성질환 환자가 우리나라를 방문하고, 이로 인해 우리나라는 간엽줄기세포 치료의 허브로 변모할 수 있는 절호의 기회라 판단된다. 아직 늦지 않았다.

4. 요점

1) 분화된 줄기세포 임상적용은 비교적 많은 연구가 필요하다.

2) 미분화 간엽줄기세포 임상적용은 질환에 따라 현재 가능하다.

3) 미분화 간엽줄기세포 임상적용에 대해 필요한 국가정책들은 다음과 같다. 첫째, 간엽줄기세포는 앞으로 난치성질환 치료에 제일 많이 이용될 수 있는 세포 중 하나이기 때문에 현재 전 세계가 무한경쟁에 돌입한 상황이다. 간엽줄기세포는 이러한 간엽줄기세포 분야를 선점하기 위해 완화된 임상적용을 허용하는 국가 차원의 법규가 시급히 제정되어야 할 것으로 판단된다. 둘째, 현재 간엽줄기세포 투여비용이 매우 고가이다. 몇몇 추가연구와 법제정이 뒤따른다면 거품제거로 인해 투여비용을 현격히 낮추는 실리를 얻을 것이라 판단된다. 셋째, 국내에서 간엽줄기세포 투여가 합법화될 때까지 당연히 생명의 촌각을 다투는 난치성질환 환자는 외국에서 간엽줄기세포 투여를 고려할 것이라 쉽게 판단되므로 국가는 가이드라인을 만들어 난치성질환 환자가 외국에서 올바르고 안전하게 간엽줄기세포를 투여 받을 수 있도록 유도해야 할 것으로 판단된다.

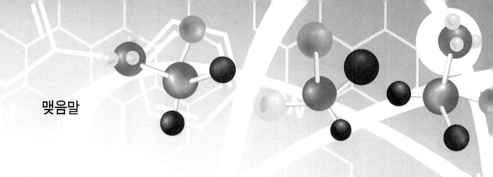

맺음말

　성체줄기세포인 간엽줄기세포가 분비하는 많은 생리제어 인자로 인해 뜻하지 않은 놀라운 약리효과가 발휘되고 있음을 알았다. 강력한 면역억제 기능, 조직재생과 기능을 방해하는 섬유화를 억제하는 기능, 조직파괴로 손상된 혈관을 재생하는 기능 그리고 손상된 조직을 복구하는 기능 등이다. 간엽줄기세포 연구가 계속 진행 중인 것을 고려해 볼 때, 앞으로 새로운 기능이 속속 밝혀지리라 예측한다.

　이 책 전반에 걸쳐, 이러한 간엽줄기세포의 다양하고 새로운 약리효과로 어떻게 난치성질환의 현 치료한계를 극복할 수 있는지 논리적으로 풀어 놓았다. 간엽줄기세포 투여는 면역관련 질환, 자가면역 질환 또는 장기 조직을 파괴하는 만성염증과 섬유화를 동반하는 난치성질환을 치료하는 기존 치료제의 한계를 극복할 수 있다는 것이 세계학회의 중론이다. 하지만 만에 하나 간엽줄기세포가 줄기세포로서 만병통치약이 될 수 있다는 막연한 착각 때문에 오남용하여 지속적으로 투여 받는다면, 간엽줄기세포의 강력한 면역억제 기능으로 기회감염 빈도를 높이고, 만약 암세포가 존재할 경우 암세포 증식 억제를 방해할 수 있을 것으로 판단된다.

외국에서 간엽줄기세포 시술을 받을 환자는 이 두 가지만 생각하자. 현재까지 연구결과를 토대로, 투여된 간엽줄기세포는 거의 원하는 세포로 분화되지 않는다. 간엽줄기세포는 강력한 면역억제 기능을 가지고 있다. 이 두 가지만 염두에 둔다면 간엽줄기세포 투여가 자신의 질환 호전에 도움을 줄 수 있을지 예측할 수 있을 것이라 판단된다. 물론 제3장에서 다룬 '간엽줄기세포의 약리효과'를 참고한다면 더욱 쉽게 예측할 수 있을 것이라 판단된다.

간엽줄기세포는 전 세계적으로 인간임상시험에 제일 많이 이용되고 있는 줄기세포이고, 앞으로 난치성질환 치료에 제일 많이 이용될 수 있는 세포 중 하나이기 때문에 현재 전 세계가 무한경쟁에 돌입한 상황이다. 이러한 간엽줄기세포 분야를 선점하기 위해 완화된 임상적용을 허용하는 국가 차원의 법규가 시급히 제정되어야 할 것으로 판단된다. 그리고 현재는 간엽줄기세포 투여비용이 매우 고가이다. 몇몇 추가연구와 법제정이 뒤따른다면 거품제거로 인해 투여비용을 현격히 낮추고 궁극적으로 환자와 직·간접적으로 국민건강보험공단 재정에 큰 도움을 줄 수 있을 것이라 예측한다. 마지막으로 국내에서 간엽줄기세포 투여가 합법화될 때까지 당연히 생

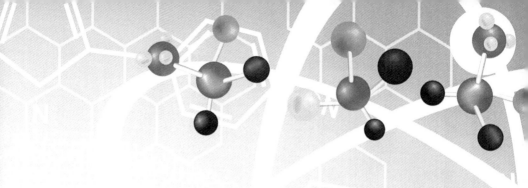

명의 촌각을 다투는 난치성질환 환자는 외국에서 간엽줄기세포 투여를 고려할 것이라 쉽게 판단되므로 국가는 적절한 가이드라인을 만들어 난치성질환 환자가 외국에서 올바르고 안전하게 간엽줄기세포를 투여 받을 수 있도록 유도해야 할 것으로 판단된다.

줄기세포에 관심이 있는 일반 대중, 난치성질환 환자와 환자가족, 언론인, 기초의과학 연구자, 임상의사, 임상수의사, 약사, 줄기세포를 전공하는 학생 그리고 간엽줄기세포 관련법을 제정하는 국회의원과 학계인사 등이 현재 밝혀진 간엽줄기세포의 정확한 개념을 이해하는 데 이 책이 조금이나마 도움이 되었기를 희망한다. 전문가조차도 매일 매일 발표되는 줄기세포 관련 논문을 모두 섭렵할 수 없을 정도로 방대한 양의 연구결과가 발표되고 있다. 전 세계적으로 줄기세포 연구에 매진하고 있는 모든 기초 및 임상의과학 연구자의 피땀 어린 노력으로 모든 난치성질환의 치료 한계를 극복할 수 있는 날이 곧 오리라 믿는다.

간엽줄기세포는 인간이 인위적으로 만든 화학물질을 분비하는 세포가 아닌, 여러분의 유전자를 토대로 다양한 종류의 생리제어 인자를 직접 만들고 분비하는 신토불이 약 공장이다. 하루 빨리 임상적용이 완화되어 안전하고 저렴한 자기 자신의 약 공장 세포인 간엽줄기세포의 투여로 난치성질환으로부터 환자가 빨리 해방되기를 희망한다.